TODO ES TUBERCULOSIS

JOHN GREEN

Todo es tuberculosis

La historia de la infección más mortal de la humanidad

Traducción de **Jordi Ainaud i Escudero**

NUBE **DE TINTA**

El papel utilizado para la impresión de este libro ha sido fabricado a partir de madera procedente de bosques y plantaciones gestionadas con los más altos estándares ambientales, garantizando una explotación de los recursos sostenible con el medio ambiente y beneficiosa para las personas.

Todo es tuberculosis
La historia de la infección más mortal de la humanidad

Título original: *Everything Is Tuberculosis. The History and Persistence of Our Deadliest Infection*

Primera edición en España: marzo, 2026
Primera edición en México: marzo, 2026

This edition published by arrangement with Crash Course Books, an imprint of Penguin Young Readers Group, a division of Penguin Random House LLC.

ISBN: 978-607-387-113-6

Impreso en México – *Printed in Mexico*

Este libro está dedicado a Shreya Tripathi, Henry Reider y a todos los que luchan contra la tuberculosis en el mundo

Introducción

GREGORY Y STOKES

A principios del siglo XIX, el inventor y químico escocés James Watt comenzó a trabajar en un nuevo proyecto.

Ya había alcanzado la fama y el éxito por hacer más eficientes las máquinas de vapor, lo que contribuyó a impulsar la Revolución Industrial que cambiaría radicalmente la historia de la humanidad. La máquina de vapor daría lugar a todo tipo de avances, desde el aire acondicionado hasta los AirPods, pasando por la aviación, pero también liberó más de un billón de toneladas de dióxido de carbono a la atmósfera, lo que alteró el clima del planeta. La innovación de Watt fue tan potente que le dimos su nombre a la unidad de medida de potencia, el vatio o *watt*. Watt también hizo otras aportaciones capitales al acervo humano de herramientas y conocimientos, como la invención de una máquina capaz de reproducir esculturas y el desarrollo de nuevas estrategias para fabricar cloro con el objeto de blanquear tejidos.

Pero Watt confiaba en que su nuevo proyecto fuera el más importante hasta la fecha. Se obsesionó con encontrar un remedio químico para tratar la enfermedad pulmonar que los médicos llamaban tisis.

La hija de Watt, Jessy, había muerto de tisis a los quince años en 1794. Y ahora su hijo, Gregory, padecía la misma dolencia, con sus síntomas clásicos de tos persistente, sudores nocturnos, fiebre y desgaste físico del cuerpo que dio a la enfermedad su nombre coloquial de consunción. Gregory tenía poco más de veinte años, era un hábil orador conocido por su extraordinario atractivo; un amigo lo describió como «literalmente, el joven más hermoso que jamás haya visto».

En su afán desesperado por salvar a Gregory, Watt ayudó a inventar un dispositivo que suministraba óxido nitroso a los pulmones, al creer que modificando la cantidad de oxígeno de la que disponía el cuerpo contribuiría a curarlo. Pero el tratamiento fue un fracaso. Gregory murió de tisis en 1804, tras muchos años de sufrimiento, a los veintisiete años.

* * *

En 1900, la tisis ya era más conocida por un nuevo nombre: tuberculosis. Ese año nació mi tío abuelo Stokes Goodrich en la zona rural de Tennessee. Se crio en una casa de madera que había construido mi bisabuelo Charles, un médico de pueblo que iba y venía a caballo por el condado de Franklin, día y noche, para asistir partos y recetar medicamentos.

Stokes era un niño enfermizo. En aquellos tiempos —y supongo que también en los actuales— era habitual relacionar la enfermedad con algún tipo de deficiencia, fallo o error del pasado. El médico podía llegar a la conclusión, como fue el caso de un médico alemán de principios del siglo XVIII, de que la enfermedad que ponía en peligro la vida de una mujer la había provocado «un perro que le ladró muy fuerte». En el caso del pequeño Stokes, creían que el desencadenante fue que un amigo de la familia le diera café y dulces. A partir de entonces, Stokes «padeció las peores fiebres tifoideas de las que yo haya visto curarse a nadie», contó más tarde mi bisabuelo en unas memorias breves que escribió para nuestra familia.

En 1918, cuando Stokes tenía dieciocho años, volvió a estar a punto de morir durante la gran pandemia de gripe, al enfermar mientras trabajaba en una fábrica de municiones. Sobrevivió y, en 1920, entró a trabajar en la Alabama Power and Light, como instalador de líneas eléctricas. Ya entrados los años veinte, Stokes sufría frecuentes episodios de lo que confiaba que fuera bronquitis. Pero la tos persistente no desaparecía y, finalmente, tras expectorar sangre, acudió al médico.

Así es como mi bisabuelo relató lo que sucedió a continuación: «Stokes fue a ver a un buen médico en Gadsden (Alabama), que le hizo una radiografía y le descubrió tuberculosis en el ápice del pulmón derecho. El radiólogo que hizo la placa me dijo: "Doctor Goodrich, su hijo tiene tuberculosis miliar, y nunca he visto un caso que haya sobrevivido más de dos meses"».

Stokes fue ingresado en un sanatorio de Asheville (Carolina del Norte), una de las muchas ciudades estadounidenses que funcionaban como una especie de colonia de tuberculosos. «Stokes recibió los mejores cuidados en el sanatorio, pero su estado fue empeorando hasta que el 18 de mayo de 1930 partió hacia la casa del Padre».

Mi tío abuelo tenía veintinueve años. A menudo me pregunto cómo debió sentirse mi bisabuelo, que se había formado como médico, al no poder salvar a su propio hijo de la enfermedad.

Somos capaces de iluminar el mundo por la noche, refrigerar artificialmente los alimentos, ir más allá de la atmósfera para situarnos en la órbita terrestre. Pero no podemos salvar a nuestros seres queridos del sufrimiento. Esta es la historia de la humanidad tal y como yo la veo: la de un organismo que puede hacer muchas cosas, pero que no la que más ansía.

* * *

Han pasado dos siglos desde que murieron Jessy y Gregory Watts, casi uno desde que expiró mi tío abuelo Stokes y todavía más de un millón de personas fallecieron de tuberculosis en 2023. De hecho, ese año murieron más personas de tuberculosis que de malaria, tifus y guerra *sumados*.

Solo en los dos últimos siglos, la tuberculosis ha ocasionado más de mil millones de muertes humanas. Según los cálculos que figuran en el libro de Frank Ryan *Tuberculosis: The Greatest Story Never Told*, la tuberculosis ha matado aproximadamente a una de cada siete personas que haya vivido en este mundo. El covid-19 desplazó a la tuberculosis como la enfermedad infecciosa más mortífera del mundo entre 2020 y 2022, pero en 2023, la tuberculosis recuperó el primer puesto que ha mantenido durante la mayor parte de la historia de la humanidad. Con 1 250 000 muertes, la tuberculosis volvió a convertirse en nuestra infección más letal. Lo que diferencia la situación actual de la de 1804 o 1904 es que la tuberculosis es curable desde mediados de los años cincuenta del siglo pasado. Sabemos cómo se podría vivir en un mundo sin tuberculosis. Pero hemos optado por no vivir en él.

En 2000, el médico ugandés Peter Mugyenyi pronunció un discurso sobre la negativa de los países ricos a facilitar el acceso a los medicamentos para tratar el VIH/sida. Millones de personas morían cada año de sida, a pesar de que una terapia antirretroviral segura y eficaz podría haber salvado la vida de la mayoría. «¿Dónde están los medicamentos? Los medicamentos están donde no hay enfermedad —dijo el doctor Mugyenyi—. ¿Y dónde está la enfermedad? La enfermedad está donde no hay medicamentos».

Lo mismo ocurre con la tuberculosis. Este año, miles de médicos atenderán a millones de pacientes con tuberculosis y, al igual que mi bisabuelo no pudo salvar a su hijo, estos médicos no podrán salvar a sus pacientes, porque la cura está donde no hay enfermedad, y la enfermedad está donde no hay cura.

* * *

Este es un libro que trata de esa cura: sobre por qué no la encontramos hasta los años cincuenta del siglo pasado y por qué, en las décadas transcurridas desde su descubrimiento, hemos permitido que más de 150 000 000 de seres humanos murieran de tuberculosis. Empecé a escribir sobre la tuberculosis porque quería entender cómo una enfermedad podía configurar, silenciosamente, gran parte de la historia de la humanidad. Pero, en el proceso, aprendí que la tuberculosis es tanto una forma como una manifestación de la injusticia. Y aprendí que la forma en que imaginamos la enfermedad configura nuestras sociedades y nuestras prioridades. James Watt entendía la tuberculosis como un fallo mecánico de los pulmones, que no ingerían la proporción correcta de gases. Mi bisabuelo entendía que la enfermedad de su hijo se debía al consumo de café y dulces durante la infancia. Otros entendían la tuberculosis como una enfermedad hereditaria que afectaba a ciertos tipos de personalidades. Otros argumentaban que la causa de la enfermedad era la posesión diabólica, el aire envenenado, la voluntad divina o el whisky. Y cada una de estas formas de entender la tuberculosis no solo afectaba al modo en que vivían y morían las personas con tuberculosis, sino también a *quiénes* vivían y morían con ella.

Hoy en día, entendemos la tuberculosis como una infección causada por bacterias. La tuberculosis se transmite por el aire, de persona a persona mediante diminutas partículas emitidas al toser, estornudar o exhalar el aire. Cualquiera puede contraer tuberculosis; de hecho, entre una cuarta parte y un tercio de todos los seres humanos vivos han sido infectados por ella. En la mayoría de las personas, la infección permanece latente durante toda la vida. Pero hasta un 10% de los infectados acaban enfermando, un fenómeno que denominamos «tuberculosis activa». Tienen mayor propensión a desarrollar la tuberculosis activa las personas cuyo sistema inmunitario está debilitado a causa de otros problemas de salud, como la diabetes, la infección por el VIH o la malnutrición. De hecho, de los diez millones de personas que enfermaron de tuberculosis en 2023, más de cinco millones también sufrían malnutrición. Y dado que la enfermedad se propaga con especial facilidad en situaciones de hacinamiento laboral o residencial, como en barrios marginales y fábricas mal ventiladas, la tuberculosis ha llegado a considerarse una enfermedad de la pobreza, una enfermedad que circula por los caminos de injusticia y desigualdad que le abrimos.

El mundo que compartimos es el resultado de todos los mundos que hemos compartido. Al menos para mí, la historia y el presente de la tuberculosis revelan la locura, la genialidad, la crueldad y la compasión de los seres humanos.

Mi esposa, Sarah, suele bromear diciendo que en mi mente todo gira en torno a la tuberculosis, y que la tuberculosis lo abarca todo. Tiene razón.

1

LAKKA

La primera vez que visité el Hospital Público de Lakka hace unos años, no ardía en deseos de ir.

Sarah y yo estábamos en Sierra Leona, un país de África occidental de casi nueve millones de habitantes, para conocer su sistema de atención materna y neonatal. En aquel momento, Sierra Leona tenía la tasa de mortalidad materna más alta del mundo: cerca de una de cada diecisiete mujeres fallecía durante el embarazo o el parto, y habíamos viajado hasta allí para conocer y compartir historias de personas afectadas por la crisis.[1]

Así pues, nuestro viaje debía centrarse en la crisis mundial de mortalidad materna, no en la tuberculosis, y al llegar a nuestro último día en Sierra Leona, yo estaba agotado y enfermo. (Soy de constitución algo endeble en cuanto a la salud, y también en cuanto a casi todo lo demás.) Pero un médico que viajaba con nosotros nos pidió que visitáramos Lakka con él.

---

[1] Gracias a las inversiones del Ministerio de Salud de Sierra Leona, en estrecha colaboración con otras organizaciones, la mortalidad materna en Sierra Leona se redujo en más de un 50% en los cinco años posteriores a nuestro viaje, lo que nos recuerda que las desigualdades en materia de salud no son permanentes ni inalterables.

Nos aseguró que Lakka, un centro que cuenta con el apoyo de la ONG internacional Partners In Health (PIH), nos quedaba de paso de camino al aeropuerto, y que tenía que consultar algunos casos con el personal.

* * *

En aquel momento, yo no sabía casi nada sobre la tuberculosis. Para mí, era una enfermedad del pasado, algo que mataba a poetas depresivos del siglo XIX, no a seres humanos del presente. Pero, como me dijo una vez un amigo: «No hay nada más propio de los privilegiados que creer que la historia es cosa del pasado».

Cuando llegamos a Lakka, nos recibió de inmediato un niño que se presentó como Henry. «Así se llama mi hijo», le dije, y él sonrió. La mayoría de los sierraleoneses son multilingües, pero Henry hablaba un inglés especialmente bueno para un niño de su edad, lo que nos permitió mantener una conversación que fuera más allá de mis pocas y vacilantes frases en krio, la lengua criolla sierraleonesa. Le pregunté cómo estaba y me respondió: «Contento, señor. Estoy animado». Le encantaba esa palabra. ¿A quién no? «Animado», porque el ánimo es algo que nos infundimos a nosotros y a los demás.

Mi hijo Henry tenía en aquel entonces nueve años, y este Henry parecía tener más o menos la misma edad: un niño menudo, de piernas flacas y una gran sonrisa ingenua. Llevaba pantalones cortos y una polo que le quedaba grande y le llegaba casi hasta las rodillas. Henry me agarró de la camiseta y empezó a llevarme de un lado a otro del hospital. Me enseñó el laboratorio, donde una técnico estaba mirando por un microscopio. Henry miró por el microscopio y luego me pidió que lo hiciera yo, mientras la técnico de laboratorio, una joven de Freetown, me explicaba que esa muestra contenía tuberculosis, a pesar de que el paciente llevaba varios meses de tratamiento con la terapia estándar. La técnico de laboratorio comenzó a hablarme de la «terapia estándar», pero Henry volvió a jalarme de la camiseta. Me llevó a recorrer los pabellones, una serie de edificios mal ventilados donde se hallaban las habitaciones, con las ventanas enrejadas, colchones delgados y sin asear. No había electricidad en los pabellones, ni suministro regular de agua corriente. Las habitaciones me parecían celdas de prisión. Antes de ser un hospital para tuberculosos, Lakka había sido una leprosería y se notaba.

En cada habitación, uno o dos pacientes yacían en catres, generalmente de lado o boca arriba. Algunos estaban sentados en el borde de la cama, inclinados hacia delante. Todos estos hombres (las mujeres se encontraban en otro pabellón) estaban flacos; algunos tan demacrados que parecían reducidos a piel y huesos. Mientras caminábamos por un pasillo que enlazaba dos edificios, Henry y yo vimos a un joven que bebía agua de una botella de plástico para luego vomitar al instante una mezcla de bilis y sangre. Instintivamente, aparté la mirada, pero Henry siguió mirando.

Supuse que Henry sería el hijo de alguien, tal vez de un médico, una enfermera o algún empleado de cocina o limpieza. Todos parecían conocerlo y todos dejaban de trabajar para saludarlo y acariciarle la cabeza o estrecharle la mano. Henry me cautivó de inmediato: tenía algunos de los gestos de mi hijo, la misma mezcla paradójica de timidez y afán de conectar con los demás.

Al final, Henry me llevó otra vez con el grupo de médicos y enfermeras que se reunían en una salita cerca de la entrada del hospital y, entonces, una de las enfermeras lo echó cariñosamente y entre risas.

—¿Quién es ese niño? —pregunté.

—¿Henry? —dijo una enfermera—. Una dulzura de niño.

—Es uno de los pacientes que nos preocupan —respondió un médico, el doctor Micheal.

—¿Es un paciente? —pregunté.

—Sí.

—Es un niño adorable —comenté—. Espero que se ponga bien.

El doctor Micheal me dijo que Henry no era tan niño. Tenía diecisiete años. Era menudo porque había crecido desnutrido y luego la tuberculosis había debilitado aún más su cuerpo.

—Parece que se encuentra bien —dije—. Rebosa energía. Me acompañó a dar una vuelta por todo el hospital.

—Eso es porque los antibióticos le funcionan —explicó el doctor Micheal—. Pero sabemos que no le funcionan lo suficiente. Estamos casi seguros de que fallarán y eso es un problema grave —añadió, encogiéndose de hombros y apretando los labios.

Había muchas cosas que yo no entendía.

* * *

Volví a ver a Henry cuando nos disponíamos a irnos. Estaba junto a la entrada del hospital y le pregunté si podía tomarle una foto. Me dijo que sí y le tomé varias.

Revisamos las fotos juntos. Intenté transmitirle que, aunque el cubrebocas que yo llevaba se lo ocultara, yo sonreía. Henry no llevaba cubrebocas, ya que su carga bacteriana era tan baja que no suponía un riesgo de infección para los demás. Mientras charlábamos, me di cuenta de que ahora lo veía de forma distinta a cuando creía que era el hijo de algún empleado. Ya no me recordaba a mi hijo de nueve años: ahora era un joven demacrado. Cuando me miró, vi manchas amarillas en el blanco de sus ojos, un efecto secundario de la toxicidad

hepática que suele acompañar al tratamiento que estaba siguiendo. Noté una hinchazón en un lado de su cuello, más tarde me enteraría de que eso era un signo revelador de que la tuberculosis le había infectado los ganglios linfáticos. Le pregunté si tomaba medicinas todos los días.

—Sí —respondió—. Me las trago. También me ponen inyecciones.

—¿Te da miedo?

Sus grandes ojos se agrandaron aún más mientras asentía con la cabeza.

Henry me contó que las inyecciones le quemaban como fuego bajo la piel y que los medicamentos tenían muchos efectos secundarios, aunque el peor era el hambre. La tuberculosis activa suprime profundamente el apetito, provoca dolor de vientre e inhibe la capacidad de comer en general, y en cuanto se inicia el tratamiento y la infección empieza a remitir, el hambre vuelve con toda su fuerza, lo cual es una buena señal, pero solo si se tiene suficiente comida.

* * *

Años más tarde, una joven sobreviviente de la tuberculosis me habló del hambre. Volvía a encontrarme en Lakka, sentado a la sombra de un enorme mango, uno de los únicos lugares agradables de los jardines que rodeaban el hospital, que por lo demás eran una combinación de suelos de arcilla roja y matorrales. Había tres bancos de madera, largos y toscamente tallados, que iban moviendo durante el día para mantenerlos a la sombra del mango. En el banco que tenía frente a mí se sentaba una muchacha —a la que llamaremos Marie— encorvada hacia delante, con los codos sobre las rodillas. Marie estaba tan delgada cuando llegó al hospital que no podía caminar, y la placa torácica reveló que apenas tenía tejido pulmonar sano. Medía 1.60 m y, a su llegada a Lakka, pesaba menos de 32 kg.

Marie me contó que soñaba día y noche con comer mientras recuperaba la salud, que se le había ocurrido hacer sopa de barro y comer palos. Pensaba en lo crujientes que estarían y se los imaginaba rellenos de nutrientes sustanciosos y blandos. No podía pensar en nada más que en la comida, constantemente.

Casi disculpándose, una enfermera que estaba sentada a nuestro lado me dijo: «Les damos de comer a todos tres veces al día. Comidas abundantes. Aunque no es suficiente». Y no lo era ni por asomo, pero la enfermera alegó que incluso tres comidas al día llevaban sus recursos al límite, porque la comida no se consideraba un aspecto esencial del tratamiento de la tuberculosis y, por lo tanto, carecían de fondos para comprarla. Algunas personas tenían tanta hambre, me contó, que abandonaban el hospital y dejaban de tomar sus medicamentos, lo que aumentaba la probabilidad de que las bacterias de la tuberculosis siguieran multiplicándose en su organismo y acabaran volviéndose resistentes a los tratamientos de primera línea. Pero sencillamente no podían soportar el hambre.

En las breves y bellas memorias que escribió Henry, se refiere al hambre muchas veces. Para él, Lakka era «un lugar donde la esperanza y la desesperación se entrelazaban [...]. Me encontré en un mundo donde la comida escaseaba, el agua estaba racionada y la ropa era insuficiente para las frías noches».

* * *

Después de conocer a Henry, le pregunté a una de las enfermeras si se pondría bien. «¡Ah, queremos mucho a nuestro Henry!», me dijo. Me contó que había pasado por muchas desgracias en su corta vida. Gracias a Dios, dijo, Henry era muy querido por su madre, Isatu, quien lo visitaba con regularidad y le llevaba comida extra siempre que podía. La mayoría de los pacientes de Lakka no recibían visitas. Muchos habían sido abandonados por sus familias; tener un caso de tuberculosis en la familia era un enorme estigma. Pero Henry tenía a Isatu.

Me di cuenta de que nada de esto respondía a la pregunta de si se pondría bien.

Es un niño de lo más feliz, me dijo. Anima a todo el mundo. Cuando podía ir al colegio, los demás niños lo llamaban «pastor», porque siempre les ofrecía oraciones y ayuda.

Tampoco eso era una respuesta.

«Lucharemos por él», me dijo al final.

2

VAQUEROS Y ASESINOS

Después de regresar de Lakka a mi casa de Indianápolis, comencé a leer sobre la historia de la tuberculosis, que era como si apareciera por todas partes, desde la moda hasta la guerra y la geografía humana, y descubrí que no podía dejar de hablar de la enfermedad. Alguien mencionaba Nuevo México y yo intervenía: «¿Sabías que Nuevo México se convirtió en estado de la Unión en parte debido a la tuberculosis?». O, si la conversación derivaba hacia la Primera Guerra Mundial, yo preguntaba: «¿Sabías que la tuberculosis fue más o menos, aunque no del todo, la causa de la Primera Guerra Mundial?». O puede que, en una fiesta de Halloween del barrio, le soltara a un niño de diez años disfrazado de vaquero: «¿Sabías que la tuberculosis está en el origen del sombrero tejano?».

Lo cual, dicho sea de paso, es cierto: en la década de 1850, un joven llamado John que vivía en Nueva Jersey y trabajaba como sombrerero, empezó a toser sangre. John fue al médico y descubrió que sí, que tenía tuberculosis. Según la creencia popular de la época, su única posibilidad real de sobrevivir era emigrar al oeste de Estados Unidos, que desde hace mucho tiempo ha estado asociado con la evasión, la libertad y las últimas esperanzas. «El oeste es adonde todos planeamos ir algún día —escribió Robert Penn Warren en *Todos los hombres del rey*—. Es adonde vas cuando las tierras se agotan y los pinos las invaden. Es adonde vas cuando recibes la carta que te dice: "Huye, lo han descubierto todo"». Y es adonde iban los tuberculosos para prolongar su vida.

En el siglo XIX y principios del XX, la mayoría de la gente aceptaba que la tuberculosis podía tratarse eficazmente con aire seco, lo que no carecía de lógica: los pulmones de los tuberculosos parecían húmedos, al igual que el aire húmedo y estancado de las grandes ciudades estadounidenses como Nueva York y Baltimore, donde se expandía la tuberculosis. La gente huía a Arizona, Nuevo México o California, que llegaron a conocerse como la «tierra de los pulmones nuevos». Como osaba prometer un folleto: «Ven al oeste y vive».

Algunas ciudades, entre ellas Pasadena y Colorado Springs, se crearon básicamente para los tuberculosos y sus familias. Pero no solo se mitificaron las propiedades del aire del desierto. Los médicos también recomendaban el aire de las islas, el aire de la montaña, el aire del bosque o el aire de Italia. Las justificaciones para lo que se dio en llamar «viajes curativos» eran variables, aunque tenían un denominador común: la tuberculosis se expandía en las ciudades, por lo que la solución debía ser rural. (Esta idea recibida no era exclusiva de Europa y Estados Unidos, aunque tuviera allí su centro: el poeta japonés Masaoka Shiki también viajó con tuberculosis albergando la esperanza de mejorar.)

Ahora bien, nuestro sombrerero John no viajó hasta la costa oeste, sino que se dirigió desde su casa en Nueva Jersey a la agreste ciudad fronteriza de St. Joseph, en Misuri. Es difícil entender que el aire húmedo y sofocante de St. Joe pudiera considerarse beneficioso para la tuberculosis, pero John acabó instalándose allí durante un tiempo y, milagrosamente, comenzó a encontrarse mejor. Por razones que aún no alcanzamos a comprender, entre el 20 y el 25% de las personas se recuperan de la tuberculosis activa sin tratamiento, y John fue uno de los afortunados.

Al recuperar la salud en los años siguientes, John se dio cuenta de algo sobre el oeste: los sombreros eran un asco. Los comerciantes de pieles de ascendencia europea solían llevar gorros de piel de mapache, sin visera y plagados de bichos. Por su parte, las personas que llegaban a Misuri procedentes de Texas y México solían llevar sombreros de paja de ala ancha que protegían del sol, pero dejaban pasar la lluvia. Así que, tras regresar al noreste con la tuberculosis ya dominada, John B. Stetson creó un nuevo tipo de sombrero, que con el tiempo se daría en llamar sombrero de vaquero (o, a veces, sombrero Stetson).[2]

* * *

Tampoco era broma lo de Nuevo México. Aun después de que Nuevo México se convirtiera en parte de Estados Unidos en 1848, muchos estadounidenses blancos lo veían con recelo. Al fin y al cabo, la mayoría de las personas que vivían en el territorio eran indígenas o tenían el español como primera lengua. Así pues, a pesar de que Nuevo México contara con las instituciones necesarias para convertirse en estado de la Unión —una población lo suficientemente grande y una amplia mayoría de votantes favorables a su incorporación—, el Congreso de los Estados Unidos rechazó reiteradamente los intentos de Nuevo México de sumarse a la Unión como estado miembro de pleno derecho.

[2] Stetson vivió muchos años y amasó una gran fortuna, que donó casi en su totalidad a escuelas, refugios para personas sin hogar y bancos de alimentos.

Para complacer al Congreso, las autoridades de Nuevo México se dieron cuenta de que necesitaban atraer a más blancos anglófonos, de modo que Nuevo México inició una campaña para atraer a los tuberculosos del noreste y el sur de Estados Unidos con la promesa del aire del desierto, cielos despejados y atención médica de calidad. El plan funcionó: en 1910, alrededor del 10% de *todos* los habitantes de Nuevo México eran pacientes de tuberculosis y, con estos nuevos residentes blancos, el Congreso de los Estados Unidos finalmente accedió a que Nuevo México se convirtiera en el cuadragésimo séptimo estado de los Estados Unidos en 1912.

* * *

¿Provocó la tuberculosis la Primera Guerra Mundial? En realidad, no, pero a mi juicio debería figurar como una causa secundaria junto a las principales: el sistema de alianzas de la Europa de principios del siglo xx, la creciente militarización y el expansionismo de los imperios, etcétera.

Como recordarán los lectores de las clases de Historia, la Gran Guerra estalló tras el asesinato del archiduque Francisco Fernando de Austria-Hungría, que fue, en lo que a asesinatos se refiere, algo absurdo. Por un lado, tenemos al personal de apoyo del archiduque, de una incompetencia grotesca, y por otro, a un grupillo de asesinos de una incompetencia igual de grotesca, la mitad de los cuales eran adolescentes tuberculosos.

A principios de 1914, el archiduque y su esposa planearon visitar Sarajevo, que formaba parte de su Imperio austrohúngaro, aunque una parte bastante reacia. Muchas personas que vivían en los Balcanes deseaban que sus comunidades, marginadas durante mucho tiempo, se convirtieran en Estados independientes, y entre ellas figuraban tres adolescentes de Belgrado: Nedjelko Cabrinovic, Trifko Grabez y Gavrilo Princip. Los tres tenían diecinueve años y estaban relacionados con la Mano Negra, un grupo revolucionario que encabezaban oficiales del ejército serbio que querían liberar a Serbia del yugo del Imperio austrohúngaro.

Cabrinovic, Grabez y Princip estaban gravemente enfermos de tuberculosis. Sabían que morirían pronto. En palabras de John Simkin, «por lo tanto, estaban dispuestos a dar su vida por lo que creían que era una gran causa». Así, cuando se dio a conocer la noticia de que Francisco Fernando visitaría Sarajevo (en un coche convertible, nada menos), los tres jóvenes viajaron allí con la intención de asesinar al archiduque. En Sarajevo, se unieron a otros tres conspiradores, y a cada uno de los seis le entregaron un arma, bombas y una píldora de cianuro, junto con instrucciones para suicidarse en cuanto el archiduque estuviera muerto.

La misión fue un desastre total. Tres de los hombres (¡los tres que no padecían tuberculosis!) al final resultaron ineptos o incapaces de actuar, a diferencia de los chicos de Belgrado. Cabrinovic fue el primero en ver al archiduque en el recorrido de la comitiva; arrojó una bomba hacia el coche de Francisco Fernando, pero falló y, en su lugar, hirió a varias personas que viajaban en otro vehículo. Cabrinovic procedió a tomar su píldora de cianuro, que contenía una cantidad insuficiente para matarlo, y luego se tiró a un río con la esperanza de ahogarse, pero el río solo tenía diez centímetros de profundidad, por lo que fue capturado de inmediato.

El coche del archiduque retomó su itinerario y los demás conspiradores abandonaron la misión. En ese momento, el archiduque debería haber vuelto a su hotel después de estar a punto de morir, pero uno de sus acompañantes lo convenció de que *siguieran el recorrido por Sarajevo*, diciéndole: «¿Cree usted que Sarajevo está llena de asesinos?».

Al cabo de unos minutos, su chofer, que no conocía bien las calles de Sarajevo, giró por una calle equivocada y detuvo el coche para dar marcha atrás. ¿Y adónde fue a parar el coche sino justo delante de Gavrilo Princip? Princip mató a tiros al archiduque y a la duquesa Sofía y luego se tragó su píldora de cianuro, que, por supuesto, no logró acabar con él. Princip y todos sus cómplices fueron encarcelados. En el Imperio austrohúngaro, en aquella época era ilegal ejecutar a adolescentes, pero el Gobierno no necesitaba un pelotón de fusilamiento para matarlos: los tres morirían antes de que acabara la guerra, todos de tuberculosis.

* * *

Es fascinante ver los puntos de intersección entre la tuberculosis y la historia, pero es arriesgado afirmar que, por ejemplo, la tuberculosis de Princip desencadenó la Primera Guerra Mundial, o que la tuberculosis convirtió a Nuevo México en un estado de la Unión, entre otras cosas. Mirar la historia a través de un solo prisma crea distorsiones, porque la historia es demasiado compleja para que una sola forma de verla sea suficiente. Y, de todos modos, aunque me fascina cómo la tuberculosis ha dado forma a la cultura y la historia, lo más importante para mí es cómo la cultura ha dado forma a la tuberculosis. La infección ha explotado durante mucho tiempo los sesgos y la inconsciencia de los seres humanos para abrirse camino por los espacios que crea la injusticia. Por supuesto, la tuberculosis no sabe lo que hace, pero durante siglos, la enfermedad ha utilizado las fuerzas sociales y los prejuicios para expandirse allí donde los sistemas de poder devalúan la vida humana, una experiencia que, en Sierra Leona, Henry y su madre, Isatu, conocían demasiado bien.

3

MIRA NUESTROS FERROCARRILES

Suele decirse que Sierra Leona es un país pobre, pero no lo es. Se trata de un país excepcionalmente rico, con enormes yacimientos de minerales metálicos y, sobre todo, de diamantes, que durante los siglos de colonialismo acabaron engarzados en numerosas coronas británicas. Tras alcanzar la independencia en 1961, al flamante Gobierno le resultó muy difícil encontrar una alternativa a un modelo económico basado en la extracción, debido, en parte, a que los sistemas de extracción y exportación de diamantes y minerales estaban más maduros y desarrollados que cualquier otro sector económico y, en parte, a que la independencia no cambió el hecho de que muchos de los activos más valiosos de Sierra Leona eran (y siguen siendo) de propiedad extranjera. Aunque la economía creció y la esperanza de vida aumentó tras la independencia, el país continuó sumido en la pobreza.

El médico sierraleonés Bailor Barrie me dijo en cierta ocasión: «Si quieres entender por qué Sierra Leona es pobre, tienes que mirar un mapa de nuestros ferrocarriles». Y así lo hice. El mapa tiene este aspecto:

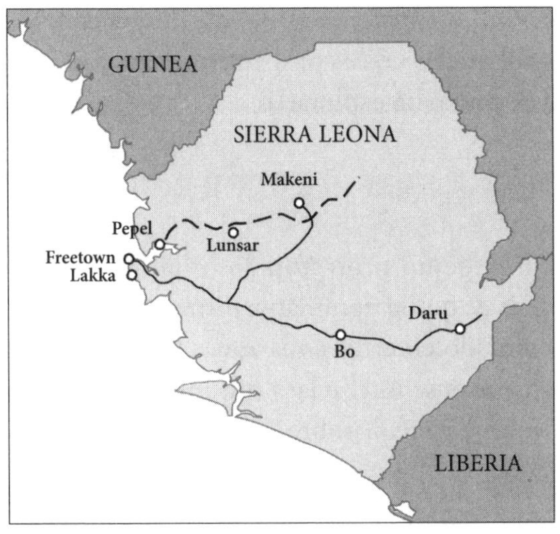

Los ferrocarriles, construidos durante el dominio colonial, no servían para conectar a las personas, sino las zonas ricas en minerales con la costa de Sierra Leona, desde donde se podían exportar dichos minerales. El Imperio británico se dedicaba a la extracción de recursos, y los sistemas que construyó para apoyar ese negocio eran sistemas de extracción de recursos. ¿Había escuelas? Algunas, para formar a los funcionarios del imperio. ¿Había clínicas? Algunas, para curar a los funcionarios del imperio. Pero la misión del imperio en Sierra Leona era, ante todo, llevar la riqueza de Sierra Leona, de la forma más rápida y eficiente posible, *fuera* de Sierra Leona.

En el Norte Global, todavía se oye hablar a veces del lado positivo del colonialismo, de cómo llevó carreteras, hospitales y escuelas a las regiones colonizadas, pero esta tesis no se sustenta en pruebas sólidas. En 1950, la esperanza de vida en Gran Bretaña era de sesenta y nueve años. En Sierra Leona, tras ciento cincuenta años de dominio colonial, la esperanza de vida era inferior a los treinta, relativamente similar a la esperanza de vida de los seres humanos premodernos que vivieron hace cinco mil o cincuenta mil años. En general, las infraestructuras coloniales no se construyeron para fortalecer las comunidades, sino para explotarlas.

* * *

Sierra Leona fue un protectorado británico durante siglos, pero ya antes de que la dominaran formalmente, los británicos habían sembrado el terror en la zona. El historiador Stephen Greenblatt me enseñó el relato que escribió un comerciante llamado John Sarracoll sobre un viaje a Sierra Leona entre 1586 y 1587:

> El cuatro de noviembre desembarcamos en una ciudad de los negros [...]. Tenía unas doscientas casas y estaba rodeada de grandes árboles y una empalizada con estacas tan gruesas que las ratas apenas podían entrar o salir. Pero, por fortuna, llegamos directamente a un puerto que no estaba cerrado, al que entramos con tal furia que la gente huyó de la ciudad, que nos pareció muy bien construida según su estilo, y cuyas calles eran tan laberínticas que nos costó encontrar la salida por la que habíamos entrado. Sus casas y calles nos parecieron tan [...] limpias que nos admiraron a todos, ya que ni en las casas ni en las calles encontramos polvo suficiente para llenar una cáscara de huevo. Hallamos pocas cosas en sus casas, salvo algunas esteras, calabazas y vasijas de barro. Al partir, nuestros hombres incendiaron la ciudad, que quedó reducida a cenizas (en su mayor parte) en un cuarto de hora, ya que sus casas estaban cubiertas de caña y paja.

Esta historia de destrucción y violencia se aceleró con el comercio transatlántico de esclavos. En los siglos XVIII y XIX, unas cuatrocientas mil personas que vivían en lo que hoy es Sierra

Leona fueron secuestradas y vendidas como esclavas, lo que alimentó el terror en toda la región. A veces, los cazadores de esclavos irrumpían en las casas en plena noche y se llevaban a familias enteras. Otras veces, los niños o los jóvenes eran secuestrados mientras cazaban o iban por agua. Un niño de la comunidad mende fue raptado por traficantes de esclavos portugueses mientras iba por un camino conocido con el nombre de Kaw-we-li, «camino de la Guerra», porque se consideraba muy peligroso. El niño solo tenía unos seis años cuando lo separaron de su familia y lo obligaron a subir a un barco negrero. Al llegar a adulto, se hacía llamar Kaw-we-li, nombre que, según la teoría de algunos estudiosos, probablemente le pusieron los negreros por el camino donde lo habían raptado. Es posible que el joven Kaw-we-li perdiera el recuerdo del nombre que le habían puesto sus padres y solo se identificara por el lugar donde lo secuestraron.

La trata de esclavos causó millones de muertes de forma directa, cerró rutas comerciales y trastornó el orden social. Las comunidades quedaron devastadas, no solo porque muchas personas fueron obligadas a abandonar sus tierras y familias, sino también porque la mayoría de las actividades económicas, desde el transporte de mercancías hasta la venta en los mercados, entrañaba el riesgo de acabar secuestrado.

En el caso de Sierra Leona, la historia es particularmente compleja. En 1783, Gran Bretaña emancipó a algunos esclavos que habían luchado a favor de los británicos en la Guerra de Independencia de los Estados Unidos.[3] El resultado fue que al menos cuatro mil soldados recién emancipados se reubicaron

[3] Vale la pena detenerse a considerar lo que significa, en el contexto de la historia de Estados Unidos y nuestro concepto de la libertad, que los negros que luchaban por los británicos tuvieran muchas más posibilidades de ser emancipados que los que luchaban por la independencia de Estados Unidos.

en Nueva Escocia (Canadá) al término de la contienda; sin embargo, muchos de los emancipados no estaban contentos en su nuevo lugar de residencia en Nueva Escocia, donde seguían sufriendo discriminación y unas condiciones climáticas extremas, por lo que, en 1791, un dirigente probritánico negro llamado Thomas Peters defendió ante las autoridades coloniales que la comunidad tenía que reubicarse en una nueva colonia en África occidental. Esta se convirtió en Freetown, que pasó a ser la capital del territorio colonizado por los británicos de Sierra Leona. Durante las décadas siguientes, miles de esclavos emancipados o líderes rebeldes fueron trasladados voluntaria o forzosamente a Freetown, muchos de ellos afroamericanos canadienses o jamaicanos. Sus descendientes reciben aún hoy en Sierra Leona el nombre de krios, es decir, criollos.

A partir de 1807, el Imperio británico prohibió el comercio de esclavos (aunque se siguió permitiendo a los particulares poseer esclavos hasta 1833), y cada vez que la Armada Real Británica encontraba y capturaba un barco de esclavos, «emancipaba» a los antiguos esclavos y los reasentaba en Freetown, cualquiera que fuera su verdadero lugar de procedencia. Así creció Freetown y, con ella, la gran diversidad de la ciudad. La lengua de los krios, también llamada krio o criollo sierraleonés, contiene muchas palabras del inglés, pero también de una gran variedad de lenguas de África occidental, y hoy en día es la lengua franca de Sierra Leona. A medida que Freetown se convirtió en el centro económico de la floreciente colonia, personas de una gran variedad de grupos étnicos llegaron a la ciudad emergente.

Henry, el niño que conocí en el Hospital Lakka, era de padre krio, lo que significa que las raíces de Henry en Estados Unidos son mucho más antiguas que las mías. (Mi familia solo lleva en América desde finales del siglo XIX.)

* * *

Es cierto, y es importante señalarlo, que muchos sierraleoneses son pobres; de hecho, según las Naciones Unidas, el 59% de la población de Sierra Leona es «multidimensionalmente pobre». Pero también es cierto que muchos sierraleoneses no son pobres, que el país es diverso económica, religiosa y culturalmente, y que cualquier intento de encontrar un común denominador a un país de nueve millones de personas entraña una burda simplificación por la vía del reduccionismo. Dicho esto, es importante comprender que si Sierra Leona ha sufrido repetidas crisis no se debe en primer lugar a la incompetencia o a la corrupción de sus cargos públicos (aunque sin duda ambos factores hayan influido), sino al peso omnipresente de la historia.[4]

A veces, se intenta explicar el empobrecimiento de Sierra Leona desde el punto de vista de la geografía física pura: los ríos de África occidental no son largos ni navegables; no hay suficientes puertos; la «maldición de los recursos» de la riqueza mineral hace que las economías se desarrollen centrándose en la extracción en lugar de en la inversión; etc. Pero estas explicaciones pasan por alto la historia. Hasta el siglo XV, los europeos solían imaginar que los africanos occidentales eran ricos

---

[4] La corrupción contribuye a la pobreza de Sierra Leona, pero: 1. La incompetencia del Gobierno no es exclusiva de los países pobres; y 2. Aunque la corrupción sea un problema importante en todo el mundo, en el fondo del fondo, Sierra Leona carece del dinero necesario para construir un sistema sanitario que funcione, y punto. Países como Alemania y el Reino Unido dedican alrededor del 12% de su PIB a la sanidad. Si Sierra Leona dedicara el mismo porcentaje de su economía a la sanidad, el país gastaría en ello unos 60 dólares por persona al año, lo que no basta para pagar ni dos meses del antidepresivo que me recetaron, y mucho menos un sistema sanitario que funcione.

y poderosos. (De hecho, es probable que la persona más rica de la historia de la humanidad fuera Mansa Musa, soberano del Imperio de Mali, en África occidental, en el siglo XIV.) No hay nada inevitable ni natural en la pobreza de países como Sierra Leona.

* * *

La madre de Henry, Isatu, nació en 1968, siete años después de que Sierra Leona se convirtiera en un país independiente. Creció en el distrito sureño de Bonthe. Su pueblo era el mende, uno de los grupos étnicos principales de Sierra Leona y también uno de los más devastados por el comercio de esclavos en el Atlántico. Durante su infancia, Isatu escuchó historias sobre las incursiones esclavistas que continuaron mucho después de la abolición oficial de la esclavitud en el Imperio británico.

Tengo que ser cauteloso para no representar la vida de Isatu como únicamente pobre, o únicamente oprimida, o únicamente lo que sea. Sí, creció en un pueblo en el que la desnutrición era habitual y a menudo pasaba hambre, sobre todo, después de morir su padre cuando ella tenía diez años. Pero recuerda la felicidad de sus primeros años en Bonthe, «alegría, alegría, alegría» cuando iba al colegio cada día y a misa los domingos.[5] También le encantaba la escuela (y sacaba buenas calificaciones). Disfrutaba en compañía de sus muchos amigos, niños y niñas que la conocían y la querían. Inventaban juegos para jugar juntos y luego discutían sobre las reglas de esos juegos. Cuando Isatu me habló de su infancia, me hizo

[5] Alrededor del 70% de la población mende de Sierra Leona es musulmana, pero abundan las comunidades y los matrimonios interreligiosos. Isatu y su familia son cristianos evangélicos.

pensar en el poema de Nikki Giovanni de 1968 «Nikki-Rosa», que comienza así:

los recuerdos de la infancia son siempre una lata
si eres negra
siempre recuerdas cosas como vivir en Woodlawn
sin baño en tu casa
y si luego te haces más o menos famosa
nunca hablan de lo contenta que estabas teniendo
a tu madre
para ti sola y
lo buena que estaba el agua al bañarte
en una de esas
grandes bañeras que en Chicago utilizan para hacer barbacoas

En cierta ocasión en la que Isatu me habló de su infancia, el intérprete utilizó la palabra «entretejidos». «Mis amigos y yo estábamos entretejidos».

No sé lo que es crecer en un pueblo seguro y estable del sur de Sierra Leona, pero conozco la alegría de sentirme integrado en el tejido social, de sentirme parte del mundo en lugar de estar apartado del mismo, y es así como Isatu me describe siempre sus primeros años. Pero entonces llegó la guerra.

En 1991, cuando Isatu tenía veintitrés años, estalló una guerra civil larga y verdaderamente espeluznante en Sierra Leona. La guerra acabaría cobrándose la vida de más de cincuenta mil sierraleoneses y traumatizando a millones más. Parte del terror, me explicó Isatu, es que cualquiera de los bandos en guerra podía entrar en tu pueblo en cualquier momento, saquearlo, quemarlo y masacrar a la comunidad. La amenaza no era solo la muerte individual, sino la muerte comunitaria.

La familia de Isatu, como muchas otras, se trasladó a Freetown, que se consideraba un lugar aislado de la peor violencia.

Durante esta época de relativa seguridad en su vida, Isatu conoció al padre de Henry en un servicio religioso. Y, cuando Isatu acababa de enterarse de que estaba embarazada de Henry, la guerra llegó a Freetown. Los rebeldes conquistaron la ciudad. «No había ningún lugar concreto donde quedarte porque los hombres armados iban por Freetown matando a la gente —me contó—. Me mudé de un lugar a otro, alojándome con amigos y familiares. Fue el momento más difícil de mi vida. Estaba embarazada y no encontraba comida suficiente. No podía ir a la clínica. Algunos días no tenía ningún refugio. Fue la gracia de Dios lo que me permitió sobrevivir».

Henry nació en una clínica, pero cuando llegó su hermana pequeña, Favor, al cabo de dos años, las clínicas y los hospitales de Freetown andaban tan escasos de recursos económicos y humanos que Isatu decidió que era más seguro dar a luz en casa. Cuando la guerra terminó por fin en 2002, Isatu era una madre de treinta y cuatro años con dos hijitos. Para entonces, había dejado atrás sus sueños de estudiar en la universidad y trabajaba en un mercado vendiendo aceite de cocina y productos de limpieza junto a su hermana.

* * *

Cuando hablé por primera vez con Isatu, me preguntó cómo se llamaban mi mujer y mis hijos. «Sarah, Henry y Alice», le respondí. Hablábamos a través de un intérprete, así que me sorprendió que ella me respondiera en inglés: «Esposa Sarah, hijo Henry, hija Alice. Rezaré por ellos». A veces, cuando la gente te dice que rezará por ti, suena a palabrería. Pero no cuando lo dice Isatu.

4

INMUNE A LA RIQUEZA

Es un hecho extraño de la historia de la humanidad que tendamos a prestar tan poca atención a las enfermedades. En la asignatura de Historia Universal que cursé en la universidad, me hablaron de guerras, imperios y rutas comerciales, pero muy poco de los microbios, a pesar de que las enfermedades son un rasgo definitorio de la vida humana. Como escribió Virginia Woolf en *Estar enfermo*, teniendo en cuenta «los yermos y desiertos del alma que un leve ataque de gripe pone de manifiesto [...], resulta desde luego extraño que la enfermedad no ocupe un puesto destacado junto al amor, la guerra y los celos entre los temas principales de la literatura».

En parte, puede deberse a la naturaleza misma del dolor. Como escribe Barbara Duden, «el dolor está en el cuerpo. No deja rastro para el historiador, a no ser alguna queja por escrito». Pero no estoy seguro de si también ignoramos la enfermedad debido a que nuestra inclinación a favor de la agencia y el control. Nos gusta imaginar que somos los capitanes de navío de nuestra vida, que la historia de la humanidad es en gran medida la historia de las decisiones de los seres humanos. Quizás por eso han circulado durante miles de años rumores de que Alejandro Magno murió envenenado, aunque es casi seguro que murió de tifus o malaria. Sencillamente, no queremos un mundo en el que incluso el emperador más poderoso pueda sucumbir a una simple infección. Pero la historia, por desgracia, no solo da cuenta de lo que hacemos, sino también de lo que nos hacen.

* * *

Sabemos que la tuberculosis nos acompaña desde hace mucho tiempo. Las momias del antiguo Egipto de hace cinco mil años presentan las deformaciones reveladoras típicas de la tuberculosis ósea: las bacterias abren pequeños agujeros en el esqueleto, lo que da a los huesos un aspecto parecido al de corales muertos. La tuberculosis era una de las pocas enfermedades infecciosas presentes tanto en el Viejo Mundo como en el Nuevo antes de que comenzara el intercambio colombino en 1492; las pruebas arqueológicas indican que la tuberculosis ya estaba presente en América hace como mínimo dos mil años,[6] y que lleva presente en China desde hace por lo menos cinco mil años. Pero pruebas genéticas recientes indican que la historia podría remontarse a mucho más atrás: nuestra especie tiene quizás trescientos mil años, pero parece que otras especies de homínidos se infectaron de enfermedades parecidas a la tuberculosis hace tres *millones* de años. De hecho, la tuberculosis figura en el *Libro Guinness de los Récords* como la enfermedad contagiosa más antigua.

En la China imperial, la tuberculosis se conocía con un término que puede traducirse por «agotamiento pulmonar». En hebreo antiguo, la tuberculosis se llamaba *schachepheth*, que significa «consumirse», y se menciona en la Biblia hebrea. El

[6] Parece probable que focas infectadas de tuberculosis llevaran la enfermedad desde Afroeurasia a América.

famoso médico griego Hipócrates también escribió sobre la tuberculosis, que, como hemos visto, recibía en griego el nombre de *phthisis*, derivado de una palabra que significa «consunción»: «Pues la más grave de las enfermedades que sobrevinieron entonces —nos dice Hipócrates— y la única que mató a muchos fue la tisis».[7] Hipócrates aconsejaba a sus discípulos que no intentaran siquiera tratar la tisis, porque fracasarían inevitablemente, y eso los haría quedar como sanadores ineptos.

En el año 200 d. C., surgió un nuevo término chino para referirse a la tisis: *huaifu*, que significa «palacio destruido». Un manual de medicina chino de la época decía: «Las medicinas fuertes no la curan; las agujas son demasiado cortas para atrapar [la enfermedad]».

Todos estos nombres —tanto si se refieren a la destrucción del palacio del cuerpo como a la desaparición física— remiten a un aspecto importante de la tuberculosis, que es la pérdida de peso y el desgaste que causan la falta de apetito y el dolor abdominal extremo. Este es también el motivo por el que la tuberculosis recibió en muchas partes el nombre de «consunción» hasta el siglo XX: era una enfermedad que parecía consumir el propio cuerpo, encogiéndolo y marchitándolo. Hace más de ochocientos años, los sacerdotes taoístas comenzaron a referirse a la enfermedad como *shīzhài*, o «enfermedad cadavérica», porque la enfermedad transforma al ser vivo en un cadáver.

* * *

A diferencia de muchas otras enfermedades, durante la mayor parte de la historia de la humanidad, la tisis parecía no

---

[7] *Tratados hipocráticos V. Epidemias*, traducción, introducciones y notas de Alicia Esteban, Elsa García Novo y Beatriz Cabellos, Madrid, Gredos, 1989, p. 49 (N. del T.).

discriminar porque mataba por igual a ricos y a pobres, a necios y a genios. Charles Dickens calificó la tisis de enfermedad «inmune a la riqueza» y, de hecho, entre sus víctimas encontramos al individuo más rico del siglo XIX, Jay Gould. John Bunyan llamó a la tisis «el capitán de todos los soldados de la muerte» por su omnipresencia y gravedad. Entre las víctimas de la tuberculosis figuran Enrique VII de Inglaterra, Paul Laurence Dunbar, Eleanor Roosevelt, Lin Huiyin, Simón Bolívar, Franz Kafka, Luis XIII de Francia, John Keats, el sultán Mahmut II y las tres hermanas Brontë.

* * *

Debido a que la tuberculosis infecta y mata muy lentamente, no es la típica peste que se extiende por las comunidades, en las que un miembro de la familia enferma y luego le siguen todos los demás integrantes al cabo de unos días. También difiere de una enfermedad como el cólera, que afecta principalmente a los más desfavorecidos. Y no era como el cáncer o las enfermedades cardiacas, que afectan a una persona pero rara vez parecen propagarse. A veces, la tisis afectaba a familias enteras; otras, en cambio, afectaba a unos sí y otros, no. (Luis XIII murió de tuberculosis, por ejemplo, pero su esposa e hijos, no.)

Precisamente porque la tuberculosis era tan diferente de las demás infecciones, las interpretaciones clásicas de la enfermedad variaban mucho. En la antigua China, se consideraba que el *huaifu* era contagioso, pero que los factores relacionados con el estilo de vida podían empeorarlo. (Un libro afirmaba que se podía contraer tuberculosis «sobrecargando el intelecto y agotando las energías, lo que daña el *ch'i* y debilita el esperma».) En la antigua Grecia, Hipócrates creía que era una enfermedad hereditaria y escribió que «los tísicos engendran tísicos». Otros griegos, entre ellos el médico Galeno, creían que la enfermedad era contagiosa. En la antigua India, pensaban que las causas de la tuberculosis eran el cansancio excesivo, la ansiedad y el hambre. En otras comunidades, se consideraba el resultado de una maldición, un veneno o la posesión diabólica.

Algunos pensadores clásicos llegaron a acercarse a la teoría de los gérmenes como agentes de la enfermedad mucho antes de que los microscopios pudieran confirmarla. Hace unos mil años, el erudito y poeta persa Ibn Sina escribió que la tuberculosis y otras enfermedades se producían cuando el cuerpo se «contaminaba con organismos extraños que resultan invisibles a simple vista».

Incluso setecientos años después de que Ibn Sina propusiera por primera vez que la tuberculosis podían causarla organismos invisibles, no existían tratamientos eficaces. Ibn Sina recomendaba el uso del ajo para tratar la tuberculosis, y es cierto que el ajo posee propiedades antimicrobianas, pero no es lo bastante fuerte como para tratar la enfermedad con eficacia. Los textos indios recomendaban, entre otros tratamientos, comer carne, beber alcohol y descansar. Una nutrición adecuada y el descanso son, en efecto, tratamientos indicados para la infección activa de tuberculosis, aunque resultan más eficaces a la hora de prevenir la aparición de la tuberculosis activa. En Europa, la sangría era un tratamiento común (y totalmente ineficaz); en América se empleaban remedios a base de hierbas, algunos de los cuales eran útiles, aunque no curativos. El tratamiento médico global de la tuberculosis iba desde las friegas de grasa de buitre en el pecho hasta la ingesta de leche materna, pasando por el sacrificio de animales y la acupuntura. Identificar un tratamiento eficaz resultaba aún más difícil por el hecho de que, a veces, las personas parecían recuperarse para luego recaer, o parecían enfermar después del tratamiento para recuperarse más tarde. La consunción carecía de lógica.

Y, al menos en ese aspecto, no ha cambiado mucho. La tuberculosis es, en muchos sentidos, una enfermedad extraña. Las infecciones pueden permanecer latentes durante décadas o durante toda la vida. La enfermedad tiene un curso impredecible: puede matar a sus víctimas en pocos meses, en muchos años o no matarlas nunca. El tratamiento puede parecer eficaz, pero la enfermedad vuelve a aparecer con fuerza por razones que aún no alcanzamos a comprender.

Gran parte de esta rareza tiene que ver con el propio agente infeccioso. En la actualidad, más de dos mil millones de personas han sido infectadas por un microorganismo llamado *Mycobacterium tuberculosis*. Esto da una idea de lo contagiosa que puede ser la tuberculosis: cada caso de tuberculosis activa no tratada contagia la infección a un promedio de entre diez y quince personas al año.[8] La tuberculosis se puede contraer en un autobús urbano abarrotado, o durmiendo junto a una persona enferma por la noche, o trabajando cerca de ella. Aunque con menos frecuencia, también podemos contraer la tuberculosis de otros mamíferos, al comer carne de foca infectada o al beber leche cruda de vacas infectadas.

M. tuberculosis es un depredador humano casi perfecto, en parte porque se mueve muy despacio. La bacteria tiene una tasa de multiplicación de una lentitud poco común. Mientras que la bacteria *E. coli* puede duplicar su número aproximadamente cada veinte minutos en un entorno de laboratorio, *M. tuberculosis* solo se duplica una vez al día. Por lo tanto, las infecciones tardan mucho más tiempo en enfermar a las personas infectadas, ya que el número de bacterias sigue siendo bajo, lo que permite al sistema inmunológico disponer de mucho tiempo para organizar su defensa contra el patógeno.

---

[8] Por su parte, cada caso de gripe contagia en promedio a entre una y dos personas más. Para el covid-19, la cifra oscila entre 1.4 y 2.4.

Pero hay un problema: *M. tuberculosis* se multiplica muy despacio porque tarda mucho en construir su membrana celular —atípica por su grosor y por la cantidad de lípidos que la forman—, que es un enemigo formidable para el sistema inmunitario. A los glóbulos blancos les cuesta muchísimo penetrar en la membrana y matar a las bacterias. De hecho, a las células que combaten las infecciones les resulta tan difícil penetrar en la membrana celular de la bacteria que, en su lugar, los glóbulos blancos suelen rodearla, con lo que se crea una bola de tejido calcificado denominada tubérculo.[9] La bacteria de la tuberculosis puede sobrevivir dentro de estos tubérculos, replicándose muy lentamente y consumiendo tejido muerto como alimento. Este tipo de infección, a veces conocida como tuberculosis latente, suele durar toda la vida sin que la persona llegue a enfermar. La mayoría de las personas infectadas con tuberculosis nunca enfermarán porque los tubérculos seguirán reteniendo las bacterias en su interior, lo que impedirá que se desarrolle la enfermedad activa. Sin embargo, en el 5 o 10% de las infecciones, el sistema inmunitario no puede producir suficientes glóbulos blancos para rodear todas las bacterias con tubérculos, y *M. tuberculosis* puede crecer y proliferar en los pulmones o en otras partes del cuerpo. El cuerpo se ve abrumado gradualmente por la infección (y la inflamación resultante del sistema inmunitario), lo que termina por provocarle la muerte.

* * *

La mayoría de las enfermedades tuberculosas activas se producen en los dos años siguientes a la infección inicial, pero

[9] «Tubérculo» es un término que se aplica a distintas cosas que comparten una forma redondeada e hinchada. Las papas, por ejemplo, son tubérculos.

a veces la infección permanece latente durante décadas antes de explotar repentinamente en forma de enfermedad activa. A menudo, los factores que conducen a la enfermedad activa están muy claros: un sistema inmunitario comprometido por el VIH, la malnutrición, el estrés o la contaminación atmosférica pueden desencadenar la enfermedad. Los medicamentos inmunosupresores para el tratamiento de enfermedades autoinmunes como la colitis ulcerosa también pueden provocar que las infecciones de tuberculosis se conviertan en enfermedad activa, por lo que en Estados Unidos se suele incluir a la tuberculosis en la lista de los posibles efectos secundarios en los anuncios de medicamentos. Pero otras veces las causas son misteriosas: algo altera el equilibrio del cuerpo, que, poco a poco, se ve abrumado por las bacterias.

En cuanto la enfermedad se activa, su curso es extremadamente impredecible. Por motivos que no alcanzamos a comprender, algunos pacientes se recuperan sin tratamiento. Otros sobreviven durante décadas, pero con discapacidades permanentes, como problemas pulmonares, fatiga extrema y deformidades óseas dolorosas. Sin embargo, si no se trata, la mayoría de las personas que desarrollan tuberculosis activa acaban muriendo debido a la enfermedad. Sus pulmones colapsan o se llenan de líquido. Las cicatrices dejan tan poco tejido pulmonar sano que les resulta imposible respirar. La infección se extiende al cerebro o a la columna vertebral. O sufren una hemorragia repentina e incontrolable, que los lleva a una muerte rápida al encharcarse de sangre los pulmones.

* * *

Volvamos ahora a 1804, el año en que Gregory, el hijo de James Watt, murió de tuberculosis. En mayo de ese año, Napoleón Bonaparte fue nombrado emperador de Francia; en julio, Aaron Burr mató en un duelo a Alexander Hamilton. Entiendo que todo esto parezca historia antigua, pero en realidad no lo es. En 2025, habrán vivido alrededor de 117 000 millones de seres humanos modernos, de los que más de 100 000 millones nacieron antes de 1804. Casi todos los acontecimientos que nos han sucedido y casi todas las personas que han vivido datan de antes de 1804.

Y, sin embargo, la salud humana era muy diferente en 1804. Los indígenas sudamericanos habían descubierto que la corteza del quino era una herramienta eficaz para prevenir la malaria, y algunos pueblos túrquicos y de África occidental habían desarrollado la inoculación como estrategia para reducir el riesgo de contraer la viruela. Existían remedios eficaces para algunas enfermedades: las plantas con propiedades antimicrobianas se utilizaban profusamente en la medicina tradicional, al igual que los compuestos antiinflamatorios naturales (especialmente el ácido salicílico, que acabaría sirviendo para crear la aspirina). Pero había relativamente pocas intervenciones sanitarias de alta calidad, y la esperanza de vida media en 1804 no era muy diferente de la que había mil años antes.

La cirugía solía ser mortal, si no por la operación en sí, por las infecciones bacterianas que surgían días después. Ninguna ciudad del mundo tenía un buen sistema de alcantarillado ni acceso constante a agua limpia. Las personas que recibían tratamiento de los médicos no tenían muchas más posibilidades de sobrevivir a una enfermedad que las que eran tratadas por curanderos, y la mayor parte de lo que hoy consideramos «medicina moderna» no existía. Imaginemos un centro médico contemporáneo y, a continuación, eliminemos uno por uno los elementos que aún no estaban disponibles en 1804: por supuesto, no existían los antibióticos para tratar las enfermedades bacterianas (el primer antibiótico se comercializó en 1945) ni los antivirales (1967). No había antisépticos ni se sabía nada de ellos, porque nadie sabía que los microorganismos pudieran causar enfermedades. No existían los martillos de reflejos, instrumentos que se utilizan para comprobar la conducción nerviosa en las rodillas y los codos, que no se inventaron hasta 1888. Tampoco existían los otoscopios, que utilizan una luz y lentes de aumento para visualizar el conducto auditivo y el tímpano, hasta la década de 1830. El primer estetoscopio, una herramienta esencial para auscultar el corazón, los pulmones y el tracto gastrointestinal, no apareció hasta 1816. Tampoco existían los rayos X (1895) ni los tensiómetros (1881), lo que significaba que no había forma de ver o comprender el interior del cuerpo humano mientras este seguía vivo.

Dado que el cuerpo era un fenómeno totalmente exterior, la medicina europea concedía gran importancia al paso del interior al exterior de varios fluidos corporales. Creían que los llamados «cuatro humores» (sangre, flema, bilis amarilla y bilis negra) debían mantenerse en equilibrio para que el cuerpo estuviera sano. Se suponía que las enfermedades se debían al desequilibrio de esos humores, es decir, al exceso o deficiencia de uno u otro, por lo que el tratamiento de una enfermedad podía requerir sangrados mediante sanguijuelas, o modificar la cantidad de bilis en el cuerpo induciendo el vómito, o indicar a los pacientes que escupieran toda su flema en lugar de tragársela.

Para tratar de comprender el estado de la medicina en esa época, a veces pienso en el médico del siglo XVIII Johann Storch, las historias clínicas de cuyos pacientes constituyen el tema del magnífico libro de Barbara Duden *Geschichte unter der Haut*. En un pasaje, el doctor Storch trata de imaginar qué podría haberle sucedido a un alfiler que se había tragado la ayudante de un sastre. «Podría salir por casi cualquier parte: por un bulto junto al ombligo, en la orina, con las heces, a través de la vulva, por un absceso del interior de la pantorrilla o, al cabo de dieciocho años, atravesando la pierna». Todo esto quiere decir que hace tres vidas humanas, un médico cualificado en Alemania no tenía ni idea de que el cuerpo humano poseyera un tracto digestivo.

Entonces, ¿cómo se llegaba a un diagnóstico? En gran medida a través del historial del paciente y la observación, que siguen siendo fundamentales en las visitas al médico de hoy, aunque dispongamos de mejores métodos para observar el cuerpo y su funcionamiento. El médico clásico era una especie de detective,[10] cuya labor consistía en escuchar atentamente la historia de las personas, fijarse bien en su aspecto y, acto seguido, utilizar esa información para identificar al culpable.

En 1804, la tuberculosis era, con muchísima diferencia, la causa más común de muerte en todo el mundo, por lo que los profesionales sanitarios de todas partes conocían los síntomas clásicos: si un paciente se despertaba con la ropa de cama tan empapada de sudor que había que escurrirla, era motivo de preocupación. La pérdida de peso era otro signo preocupante, al igual que una tos seca persistente que acababa convirtiéndose en tos con flemas. Los médicos también barajaban la posibilidad de tuberculosis si el paciente informaba del empeoramiento gradual de una enfermedad prolongada, como la pérdida de la capacidad de correr o caminar durante varios meses o años, o el hecho de que la tos persistiera después de un año de tratamiento.

Y luego estaba la sangre. Cuando un médico se enteraba de que un paciente tosía sangre, o incluso flemas teñidas de sangre, la tuberculosis se convertía inmediatamente en el diagnóstico más probable. La sangre en el esputo se convirtió en un

[10] No es casualidad que sir Arthur Conan Doyle, creador del detective Sherlock Holmes, fuera, como veremos más adelante, médico e investigador de la tuberculosis.

signo diagnóstico tan característico de la tisis que, incluso hoy en día, se pueden tejer tramas enteras en torno a ella. Cuando vemos la sangre en el pañuelo de Satine en la película *Moulin Rouge*, o en el de Violetta en la ópera *La Traviata*, o en el de Velementov en la serie *The Great*, o en el de Arthur Morgan en el videojuego *Red Dead Redemption 2*, sabemos que presagia su final trágico e inminente. Mi monólogo favorito sobre la tuberculosis (sí, tengo un monólogo favorito sobre la tuberculosis) comienza con Naomi Ekperigin diciendo que los Estados Unidos están tan alterados que «si Estados Unidos fuera un personaje de película [...] estaríamos en el momento de la película en que Estados Unidos tose en un pañuelo, lo retira y ve sangre». El público estalla en carcajadas, porque incluso hoy, cuando la mayoría de los estadounidenses saben muy poco sobre la tuberculosis, todavía saben lo de la sangre en el pañuelo.

Hoy en día, entendemos que estos síntomas tan conocidos se asocian con la tuberculosis pulmonar. Pero la tuberculosis también puede invadir otras partes del cuerpo y manifestarse de formas muy distintas. Como suele ocurrir, lo que actualmente se considera tuberculosis, en otros tiempos se veía como varias enfermedades diferentes. Desde el páncreas hasta la médula espinal, pasando por el sistema linfático y el cerebro, la infección por la bacteria de la tuberculosis puede causar una amplia gama de enfermedades, desde inflamación cerebral (meningitis tuberculosa) hasta la inflamación y a veces ulceración de los ganglios linfáticos cervicales (escrófula), pasando por la tuberculosis ósea, que puede causar discapacidad permanente al destruir los huesos de la cadera, la columna vertebral o las extremidades. La tuberculosis que afecta a la columna vertebral, conocida como enfermedad (o mal) de Pott, es una causa común y terriblemente dolorosa de deformaciones de la espalda (el jorobado ficticio de Notre Dame padecía la enfermedad de Pott).

En 1804, todavía existían discrepancias acerca de si todas estas enfermedades tenían la misma causa, pero tras practicar autopsias, los médicos observaron similitudes entre los efectos de la tisis en los pulmones y en el resto del cuerpo. Los tubérculos delatores, esferas grumosas de tejido blanco, aparecían no solo en los pulmones, sino también en otros órganos. Al igual que la aguja que se tragó la ayudante del sastre, era como si la tisis pudiera aparecer en cualquier parte y por cualquier motivo.

5

CONSUMIDOS

Henry lloraba mucho cuando era bebé. Isatu solía preocuparse por si estaba enfermo, sobre todo, porque nunca había suficiente comida para él. Pero cuando Henry cumplió tres años, parecía bastante sano y había escapado de los peligros de la primera infancia. La guerra había terminado por fin y a Henry le encantaba jugar con sus amigos del barrio de Freetown; de hecho, ensuciaba su uniforme de preescolar con tanta frecuencia que Isatu tenía la sensación de pasarse la vida lavando su ropa a mano o yendo por agua para lavarla. Recordaba que una vez, cuando Henry tenía cinco años, él y un amigo bajaban juntos en bicicleta por una cuesta cuando la bicicleta se desarmó a mitad de camino y Henry cayó de cabeza en una acequia en plena estación lluviosa. Tuvo que llevarlo al hospital. Era un niño bullicioso y muy enérgico, por lo que Isatu supo que algo iba mal cuando comenzó a mostrarse cada vez más apático alrededor de los seis años.

Mientras tanto, la hermana menor de Henry, Favor, parecía tener la suerte de su lado. Rara vez enfermaba, mantenía la ropa del colegio impecable y era una excelente alumna de kínder. Henry recordaba que la esperaba cada día a la salida del colegio y la acompañaba a casa, con la sensación de ser el hermano mayor que la protegía, aunque no se llevaran muchos años.

A medida que Henry se enfermaba cada vez más, todos y cada uno de los aspectos de la vida de Isatu se complicaban. Su marido, el padre de Henry y Favor, abandonó el hogar y, aunque seguía en contacto con ellos y les proporcionaba ayuda de cuando en cuando, Isatu se sentía profundamente desamparada por el hecho de que él viviera en otro lugar. «Tenía muchos problemas de dinero —me contó—. Salía a vender perfumes y aceites, pero nadie los compraba, y eso me desanimaba. Siempre que tenía dinero, lo invertía en la educación de Favor y Henry. Siempre pagaba las colegiaturas. Sabía que sin educación no hay futuro. Pero con Henry enfermo, teníamos muchas limitaciones».

Todo empezó con esa apatía y una tos. Isatu llevó a Henry a una clínica donde sospecharon que tenía tuberculosis, pero las primeras pruebas dieron negativo,[11] por lo que le dijeron a Isatu que tal vez tuviera malaria u otra enfermedad. Pero empeoró: pronto empapaba la cama de sudor cada noche y se encontraba demasiado mal para ir al colegio. Finalmente, tanto a él como a Isatu les diagnosticaron tuberculosis. Comenzaron el tratamiento: el protocolo estándar de cuatro medicamentos diferentes, que se tomaban a diario en una clínica y eran

---

[11] Cuando Henry enfermó a principios de la década de 2000, la tuberculosis todavía se diagnosticaba en Sierra Leona principalmente mediante microscopía, observando bajo el microscopio un portaobjetos con el esputo de una persona y buscando la bacteria de la tuberculosis en forma de bacilo. Desgraciadamente, este método de diagnóstico pasa por alto alrededor de la mitad de los casos de tuberculosis, y las infecciones infantiles, en particular, suelen pasar desapercibidas con la microscopía. Lo más lamentable es que, en 2025, la microscopía sigue siendo el procedimiento más habitual de detección de la tuberculosis y sigue siendo igual de poco fiable.

pagados por el Fondo Mundial para la lucha contra el sida, la tuberculosis y la malaria. La dificultad de tener que caminar hasta la clínica todos los días, o bien pagar el transporte, complicaba aún más sus vidas ya precarias, pero siguieron con el tratamiento, durante un tiempo.

* * *

Cuando Henry enfermó por primera vez, fue tratado, como casi todas las personas diagnosticadas con tuberculosis en los países pobres, con los medicamentos RIPE,[12] una combinación de rifampicina, isoniazida, pirazinamida y etambutol. Seguramente no sea necesario recordar los nombres de estos fármacos, pero vale la pena señalar que los cuatro tienen más de cincuenta años y que muchas formas de tuberculosis se han vuelto resistentes a uno o más de ellos, una afección conocida como tuberculosis farmacorresistente o TB-DR por sus siglas en inglés. Cuando a Henry le diagnosticaron tuberculosis, aún no existían pruebas moleculares rápidas que permitieran identificar de inmediato la resistencia a los fármacos, y la farmacorresistencia solo podía determinarse mediante un proceso largo y costoso que consistía en cultivar bacterias del esputo de Henry y luego ir probando con cada uno de los fármacos del tratamiento. Por lo tanto, era (y sigue siendo) habitual tratar todos los casos de tuberculosis con estos antiguos medicamentos de primera línea y realizar solo pruebas de farmacorresistencia si el tratamiento de primera línea fallaba.

[12] RIPE son las siglas más utilizadas en Estados Unidos y en algunos países de Latinoamérica. La OMS y la mayor parte del resto del mundo designan esta combinación de medicamentos con las siglas HREZ. A la comunidad sanitaria mundial le gustan tanto las siglas que inventa más de una para referirse a lo mismo.

En ocasiones, la farmacorresistencia es una característica presente desde el principio en la cepa de *M. tuberculosis*; otras veces se desarrolla después de comenzar el tratamiento, sobre todo, si este no se hace como es debido. Nunca sabremos cómo ni cuándo se originó la farmacorresistencia de la tuberculosis de Henry, pero lo más probable es que estuviera respondiendo bien al tratamiento hasta que su padre, que había vuelto brevemente a la vida de Henry, insistió en que dejara de tomar los fármacos. Después de los tres primeros meses de tratamiento, el padre de Henry estaba convencido de que los medicamentos habían fallado. Exigió que Henry dejara de tomar las pastillas y buscó la ayuda de un curandero tradicional. «Esta no es una enfermedad para médicos», alegó, sino una enfermedad que debía ser tratada por Dios mediante sus curanderos.

Es fácil criticar esta decisión, pero también hay que recordar que en 2006 había pocos motivos para confiar en el sistema sanitario de Sierra Leona. Tras la guerra civil, muchos sistemas del país se habían desintegrado, entre ellos, el sanitario. La mayoría de los hospitales carecían de agua corriente y electricidad. Muchos no tenían personal remunerado ni aparatos de rayos X en funcionamiento. Los medicamentos, incluidos los indicados para la tuberculosis, se agotaban con frecuencia, por lo que es posible que Henry no hubiera podido terminar su tratamiento de todos modos.

Además, al menos durante un tiempo, las intervenciones del curandero —oraciones, infusiones especiales— parecían funcionar. Y, a diferencia del sistema médico, los curanderos tradicionales trataban a Henry y a su padre como personas. Henry no era visto como un caso infeccioso al que temer, sino como un niño humano al que curar.

* * *

Prestamos mucha atención a cómo tratamos las enfermedades, y mucha menos a la cuestión fundamental de cómo las imaginamos. En la Europa cristiana, la lepra, una enfermedad desfigurante (causada por una bacteria parecida a *M. tuberculosis*), fue estigmatizada durante mucho tiempo, hasta el extremo de que a los leprosos acostumbraban a expulsarlos de la sociedad, aunque a veces también consideraran que irían al cielo, ya que Cristo curó a los leprosos. En su libro *Curing Their Ills*, Megan Vaughan nos cuenta: «En la Francia de la Alta Edad Media, el sacerdote llevaba a cabo el ritual de separación en el que el leproso se situaba de pie en el interior de una fosa mientras el sacerdote le echaba tres paladas de tierra en la cabeza y anunciaba que estaba "muerto para el mundo", pero que "renacería en Dios"».

Pero esta forma de imaginar la lepra no es inherente a la enfermedad; de hecho, Vaughan señala que en el África precolonial la lepra no era especialmente temida ni estigmatizada, y desde luego no se consideraba motivo de expulsión del orden social.

Cuando me diagnosticaron por primera vez un trastorno de ansiedad a finales de los años ochenta, los primeros medicamentos inhibidores selectivos de la recaptación de serotonina (ISRS) eran muy nuevos. La ansiedad patológica no se consideraba un fenómeno fundamentalmente biomédico —por lo menos entre mis compañeros y cuidadores—, sino un rasgo de personalidad desarrollado en exceso. Era igual de fácil que se curara con la fe que con la ciencia. (De hecho, la religión y los rituales me proporcionaban un gran alivio a mi ansiedad.) Hoy en día, en mi comunidad, la ansiedad se considera ante todo una enfermedad que debe tratarse a través del sistema sanitario. Yo diría que este cambio se ha producido en gran medida porque el sistema sanitario ha mejorado en el tratamiento de la ansiedad, no solo con intervenciones farmacológicas (aunque estas han sido muy eficaces para muchos, incluido yo), sino también con prácticas terapéuticas más sólidas basadas en la evidencia, como la terapia de exposición y prevención de respuesta para el trastorno obsesivo-compulsivo (TOC) o la terapia cognitivo-conductual para el trastorno de ansiedad generalizada.

Por lo tanto, debemos recordar que la enfermedad no es solo un fenómeno biomédico, sino también un constructo, y que la forma en que imaginamos la lepra, el TOC o la tuberculosis es importante. En un lugar donde el sistema sanitario formal no es particularmente eficaz para tratar una enfermedad, es fácil imaginar cómo los espacios y las personas en los que se confía más, como las iglesias y los curanderos, pueden ser una opción mejor que los médicos y los hospitales.

* * *

La mejoría de Henry no duró. Al final, Isatu consiguió que Henry volviera a tomar los medicamentos RIPE, pero ahora parecían menos eficaces. «Entonces Favor enfermó —me contó un día—. La vida se volvió muy muy difícil. Desesperante. Trabajaba en el mercado, pero todo lo que ganaba se lo llevaba la enfermedad».

Favor tenía un quiste en la garganta que le afectaba a las cuerdas vocales y que hacía que su voz fuera ronca y susurrante. Isatu creía en el sistema médico, aunque su marido no, así que llevó a Favor al hospital, donde le dijeron que necesitaría una operación de laringe para extirpar el tumor, que era probablemente benigno, en el sentido de que no se extendería a otras partes del cuerpo, pero era potencialmente mortal porque, si no se extirpaba, al crecer podría obstruir la tráquea de Favor.

Ahora, a Isatu le resultaba aún más difícil conseguir el dinero para la operación de Favor. Sus jornadas de trabajo eran larguísimas y tenía la sensación de no disponer de tiempo propio: después de llevar a los niños al colegio, intentaba vender en el mercado todo el día hasta que llegaba la hora de volver a casa y darles de comer lo que podía, lo que no hubiera consumido la enfermedad. «Cuando llegaban a casa —recuerda—, a veces no había nada para comer. Les preparaba azúcar, leche y curry, pero sin arroz, porque no teníamos dinero para comprarlo, solo leche y especias. Rezaba para tener más comida. Veía lo hambrientos que estaban».

En marcado contraste con el lento deterioro de Henry, que duró una década, Favor enfermó rápidamente. Pronto empezó a comer poco y le costaba hablar. Pero sencillamente no podían permitirse la cirugía. Isatu ahorró todo el dinero que pudo y aceptó la ayuda de amigos y familiares, pero justo cuando la familia estaba a punto de reunir el dinero necesario para pagar la operación, Favor murió en casa. Tenía siete años.

Por aquel entonces, Henry tenía nueve y quedó completamente hundido. «La extraño mucho —escribió más tarde—. Siempre bromeábamos en casa. Yo no podía comer rápido ni mucho debido a mi enfermedad, y Favor siempre intentaba alimentarme y hacerme comer en cantidad. Solía acusarme con mamá, pero yo no podía enojarme con ella. Estudiábamos juntos. Era muy buena en Matemáticas. La extraño mucho».

* * *

Al cabo de unos años de la muerte de Favor, y poco más de una década después del fin de la guerra civil, Sierra Leona se vio asolada por un brote de la fiebre hemorrágica del Ébola. El ya frágil sistema sanitario se desmoronó por completo. Como la mayoría de las clínicas carecían de agua potable y equipos de protección como guantes y cubrebocas, muchos trabajadores sanitarios se infectaron de ébola. Al menos 221 trabajadores sanitarios de Sierra Leona murieron de ébola entre 2014 y 2016, entre ellos muchos de los médicos, enfermeros y trabajadores sanitarios comunitarios con más experiencia del país.

Según Ophelia Dahl, cofundadora de la ONG Partners In Health, estas crisis son situaciones en las que «llueve sobre mojado». El empobrecimiento crónico y los fallos en la distribución de recursos alimentan crisis agudas como la epidemia de ébola. El ébola es difícil de tratar incluso en los países ricos, pero en 2014 era casi imposible hacerlo en Sierra Leona.[13]

En respuesta a la crisis, llegaron recursos en cascada. Organizaciones sin ánimo de lucro y de respuesta a desastres corrieron a auxiliar a Sierra Leona (así como a las vecinas Liberia y Guinea) para construir unidades temporales de tratamiento del ébola y proporcionar personal sanitario cualificado de apoyo. En 2019 visité una de estas unidades en el este de Sierra Leona. Un joven que había sobrevivido al ébola me acompañó a recorrer una serie de losas de hormigón abandonadas con las paredes derruidas. Allí, según el sobreviviente, tendría que haber una escuela construida por una ONG que se quedó sin dinero, por lo que nunca se terminó. Se convirtió en un centro improvisado para el tratamiento del ébola donde el joven compartía una cama plegable con su hijo, en la que sudaban por el calor mientras intentaban retener el suero de rehidratación y veían morir a las personas que los rodeaban; entre ellas, su esposa y su madre.

Y ahora, mientras me enseñaba el lugar en 2019, volvía a estar en ruinas. El sobreviviente del ébola me explicó que esto era habitual en Sierra Leona: llega gente con una subvención

[13] Aunque el ébola se suele presentar como una sentencia de muerte, más del 75% de las personas que han sido tratadas por ébola en los Estados Unidos han sobrevivido.

suficiente para hacer esto o aquello durante uno o tres años, y luego, cuando se les agota el dinero, se marchan con el proyecto a medio terminar. En el caso de la respuesta al ébola, Dahl dijo que se podía «oír el sonido como de aspiradora» del dinero global al marcharse cuando la crisis empezó a remitir. Pero para muchos sierraleoneses, casi nada había mejorado. Sí, habían combatido el ébola con éxito, pero el sistema sanitario estaba más débil que nunca: las clínicas no contaban con más recursos que antes de la crisis, se había formado a pocos trabajadores sanitarios nuevos y gran parte del personal sanitario existente había fallecido a causa del ébola.

* * *

En medio del brote de ébola de 2015 y 2016, Henry enfermó gravemente. Sudaba durante la noche, a menudo tenía fiebre, y vomitaba y tosía sangre. Pero también deseaba desesperadamente llevar una vida normal. Por encima de todo, quería poder presentarse a los exámenes para entrar en la escuela secundaria. Sabía que la educación era la clave para tener éxito en la vida, una vida en la que pudiera viajar y trabajar, una vida en la que pudiera ser «una persona en la sociedad», como escribió en cierta ocasión. Pero su tuberculosis, que había reaparecido y se había vuelto agresiva, amenazaba con negarle esas oportunidades.

Esta vez Henry y su madre tardaron en buscar tratamiento, en parte porque aceptar la realidad de su enfermedad arrasaría con sus perspectivas de futuro, pero también porque, aunque el ébola comenzaba a remitir, Henry e Isatu sabían que seguía propagándose en los centros de salud. Muchas personas que vivían con tuberculosis no podían tomar sus medicamentos porque las clínicas cerraban o se consideraban peligrosas. «Fue durante el ébola cuando realmente vimos la explosión de la tuberculosis farmacorresistente —me dijo el doctor Bailor Barrie—. Como la gente no podía conseguir sus medicinas, la enfermedad tuvo la oportunidad de volverse farmacorresistente.

En Freetown, Henry rezaba todas las noches por su salud. No quería abandonar este mundo y, por encima de todo, no quería abandonar a su madre.

* * *

En 2016, Henry llevaba viviendo con tuberculosis activa intermitente más de la mitad de su existencia. La enfermedad había ido y venido durante la mayor parte de su infancia, remitiendo tras el tratamiento o simplemente gracias a la mayor fortaleza del sistema inmunitario y a una menor desnutrición. Pero ahora la enfermedad era una realidad cruel e innegable mientras Henry se preparaba para la secundaria. Se cansaba al estudiar para los exámenes, y no ayudaba el hecho de que pasara toda la noche tosiendo y, a menudo, escupiendo sangre. No tenía apetito y comenzó a perder peso. A pesar de los temores de la familia, Isatu llevó a Henry al Hospital Connaught de Freetown, uno de los mejores del país, donde volvieron a diagnosticarle tuberculosis.

Para entonces, esas pruebas moleculares extremadamente precisas y rápidas ya estaban disponibles en los países ricos. En un par de horas tras proporcionar una muestra de esputo, Henry podría haber sabido no solo que tenía tuberculosis, sino también qué medicamentos tratarían su infección en particular. Podría haber sabido que su tuberculosis era resistente a dos de los medicamentos RIPE de primera línea. Podría haber sabido que su tuberculosis también era resistente a un medicamento de segunda línea. Podría haber comenzado inmediatamente a tomar el tratamiento adecuado y fácil de conseguir que lo habría curado en dieciocho meses. Pero, aunque estas pruebas moleculares llevaban ya unos años en el mercado, eran caras y Henry no podía acceder a ellas, al igual que la mayoría de los pacientes que las necesitaban desesperadamente. En su lugar, a Henry lo diagnosticaron mediante una placa de tórax, que mostró una enfermedad avanzada, pero no daba ninguna indicación sobre si la infección concreta de Henry era resistente a los antibióticos de primera línea.

Así, a través del Hospital Connaught, Henry volvió a tomar el coctel estándar RIPE para la tuberculosis, un tratamiento de entre diez y veinte pastillas al día. Henry acudía fielmente cada día y tomaba sus pastillas. Al principio pareció mejorar, pero los medicamentos no consiguieron eliminar por completo la infección. Su estado empeoró. Con el tiempo, ya no necesitó desplazarse al Connaught para tomar sus medicamentos porque lo ingresaron en el centro. Henry recordaba que había sentido miedo: «La soledad y la desesperación proyectaban sus largas sombras y ponían a prueba lo más íntimo de mi espíritu», escribió. Su compañero de habitación en el Connaught murió de tuberculosis, y Henry notó que su enfermedad empeoraba. Empezó a verse inflamaciones en el cuello y por encima de la clavícula, señal de que la tuberculosis había invadido su sistema linfático. Con el tiempo, las escrófulas crecieron tanto que le rompieron la piel y le provocaron unas ulceraciones que le causaban un dolor insoportable.

* * *

Después de dos años de tratamiento en el Hospital Connaught, y tras un largo y laborioso proceso de cultivo de bacterias a partir del esputo de Henry y de pruebas con diferentes antibióticos contra esos cultivos, finalmente, se determinó que Henry padecía tuberculosis multirresistente. Sus médicos le dijeron que debían trasladarlo de inmediato al Hospital de Lakka, ya que era el único centro de tratamiento de la tuberculosis multirresistente en Sierra Leona. Necesitaría un tratamiento completamente nuevo, que incluía antibióticos inyectables altamente tóxicos. En su última noche en el Hospital Connaught, Isatu se acostó junto a Henry en su cama del hospital y pasaron la noche llorando. «Todo el mundo sabe —me dijo un paciente con tuberculosis— lo que significa Lakka. Lakka es el lugar al que vas a morir. Irás y no volverás».

6

EL TIGRE TIENE QUE CAZAR

Alrededor del 90% de las personas mueren por enfermedades, un fenómeno tan arraigado en la vida humana que atribuimos la mayoría de esas muertes a «causas naturales». Muchos de nosotros sentimos cierto alivio cuando nos enteramos de que alguien ha fallecido «de causa natural», especialmente, cuando la muerte se produce a una edad que consideramos avanzada.

Cuando tenía veintiún años, trabajé durante varios meses como capellán de un hospital infantil. Mi supervisora era una pastora presbiteriana de ojos expresivos y voz tranquila, como exigía su trabajo. En mi primer día de formación, me dijo: «La muerte es algo natural. La muerte de los niños es algo natural. Pero, en realidad, nadie quiere vivir en un mundo natural».

Tratar las enfermedades, ya sea con hierbas, magia o medicamentos, no es natural. Ningún otro animal lo hace, por lo menos con nada que se parezca ni por asomo a nuestra sofisticación. Los hospitales no son naturales, como tampoco lo son las novelas y los saxofones. En realidad, nadie quiere vivir en un mundo natural. Y, sin embargo, nos decimos a nosotros mismos que algunas vidas, y solo algunas, terminan de forma «natural» (lo que en realidad significa «aceptable» o «bien»). Construimos ideas sobre lo que constituye el momento y el modo adecuados de morir. Hace poco le pregunté a mi hija de diez años en qué consistía una muerte natural. «Bueno, tienes que ser mayor —respondió—: tener como mínimo setenta y cinco años. Y seguramente es mejor que te agarre durmiendo».

Pero esa no es la única definición de una muerte buena o natural. En la Inglaterra isabelina, cualquier muerte que se produjera inmediatamente después de una oración confesional era buena, porque allanaba el camino al cielo. (Recuérdense, por ejemplo, las dudas de Hamlet a la hora de matar a su tío mientras este reza, por temor a darle al viejo Claudio un boleto gratis a la gloria eterna.) Para los romanos, morir en combate era una buena muerte, al menos para los hombres. En palabras de Horacio: «*Dulce et decorum est pro patria mori*» («Es dulce y noble morir por la patria»). En la Primera Guerra Mundial, el poeta Wilfred Owen se rebeló contra esa idea, alegando que las muertes en la guerra eran tan «obscenas como el cáncer» y descalificando la frase de Horacio como «la vieja mentira».

La idea de Owen de que el cáncer es obsceno es también un constructo, al igual que nuestra idea actual de que, para que una vida sea verdaderamente buena, debe terminar en la vejez y, probablemente, durmiendo. Nuestra concepción de la buena enfermedad y la buena muerte cambia constantemente.

* * *

Antes de las vacunas, las cesáreas, el control de infecciones y los antibióticos, la muerte de los niños era algo habitual. Aproximadamente la mitad de todos los seres humanos que habían nacido murieron antes de los cinco años. La muerte infantil era tan común que había que considerarla natural. Por lo tanto, las edades aceptables para morir en gran parte del mundo premoderno eran:

1. En la primera infancia.
2. En la vejez.

Pero sabemos desde hace mucho tiempo que la tuberculosis enferma y mata a personas de entre veinte y cuarenta y cinco años, durante el único periodo de la vida en el que se supone que estamos relativamente a salvo de la enfermedad y la muerte. Aunque la tuberculosis también es común entre los niños y los ancianos, en los siglos XVIII y XIX la llamaban «la ladrona de jóvenes» debido a su omnipresencia en esta franja de edad. ¿Cómo se explicaba esta enfermedad que no debería existir, ubicua y terriblemente antinatural?

Quiero hacer aquí una pausa para señalar un rasgo definitorio de los seres humanos, que es que nos gusta saber el porqué de las cosas, sobre todo, de las cosas muy malas. Y si la causa no salta a la vista, la buscamos. Me viene a la mente un poema de la novela de Kurt Vonnegut *Cuna de gato*:

El tigre tiene que cazar,
el ave tiene que volar;
el hombre tiene que sentarse y preguntar:
«¿Por qué, por qué, por qué?».
El tigre tiene que descansar,
el ave se tiene que posar;
el hombre tiene que afirmar:
«Ya sé, ya sé, ya sé».

Vonnegut nos recuerda nuestra inclinación a la curiosidad y, al mismo tiempo, a llegar a conclusiones lógicas. «Nada hay más punitivo que dar significado a una enfermedad», por decirlo con las célebres palabras de Susan Sontag y, sin embargo, seguimos dando significado a las enfermedades. Estos relatos sobre las enfermedades no suelen ser una mera estrategia para conceptualizar el dolor de los demás, sino también una forma de autoconvencernos de que jamás sentiremos ese dolor.

La forma en que simbolizamos la enfermedad acaba determinando la forma en que la experimentamos y respondemos a ella. Como hemos visto, en distintos lugares y épocas la tuberculosis se veía como una enfermedad de cadáveres vivientes o el resultado de la posesión diabólica. También se ha estigmatizado como una enfermedad de borrachos, o una enfermedad causada por la inmoralidad sexual o la falta de higiene. Un tuberculoso del siglo XVIII, un tal Rookes, murió, según su médico, por practicar «seis cosas antinaturales»: comer en exceso, beber alcohol, estar estreñido, hacer demasiado ejercicio, quedarse despierto hasta tarde y tener la mente perturbada.

Pero la enfermedad no se podía atribuir por entero a prácticas como la gula y el exceso de ejercicio, porque los alcohólicos estreñidos no eran los únicos que padecían de tisis. Sencillamente, la enfermedad era demasiado común como para deberse a un defecto moral. Además, no solo afectaba a los pobres y marginados, sino también a los ricos y poderosos.

Hacia finales del siglo XVIII, Europa (y especialmente Gran Bretaña) experimentó un aumento sin precedentes de los casos de tuberculosis, un fenómeno que el médico Maurice Fishberg denominó «la espantosa tuberculización de la humanidad». La enfermedad se convirtió no solo en la principal causa de muerte de las personas, sino en la causa principal incontestable de muerte. Un estudio citado en *Phantom Plague*, de Vidya Krishnan, reveló que «cerca del 15% de todas las muertes que se produjeron en Londres antes de 1730 se debieron a la enfermedad, un porcentaje que casi se duplicó a principios del siglo XIX». Cuando casi un tercio de la población compartía el mismo destino, resultaba imposible considerar la tuberculosis como una mera enfermedad de los borrachos o los posesos.

Había demasiados casos como para ver la tuberculosis como una enfermedad causada por la inmoralidad o algún defecto. Había que hacer algo, si no en relación con la enfermedad, al menos en lo que se refiere a nuestra percepción de esta.

Así, en los siglos XVIII y XIX, los europeos llegaron a idealizar la tuberculosis, a ver la enfermedad como algo bello y ennoblecedor. Es tentador imaginar esta idealización como lo contrario de la estigmatización: en lugar de menospreciar a las personas como lo hace la estigmatización, la idealización las eleva como paradigmas de belleza, inteligencia o alguna otra virtud. Pero, en realidad, yo las veo como estrategias complementarias utilizadas para convertir a los enfermos en «otros», un grupo de personas alejadas y diferentes en esencia del resto del orden social. Las enfermedades mentales, por ejemplo, acostumbran a idealizarse como algo que hace aflorar el genio creativo o algún superpoder. Nos presentan a detectives brillantes como Sherlock Holmes y Adrian Monk como personas cuyos poderes de detección se ven reforzados por sus pensamientos obsesivos en espiral, al tiempo que se ven estigmatizados por su comportamiento excéntrico y repelente. Pero como persona con TOC, puedo afirmar con cierta autoridad que tanto el estigma como la idealización son injustos. Las personas que viven con TOC no suelen ser buenos detectives; al menos en mi caso, el TOC no aumenta mi percepción de nada más que de mis propios miedos obsesivos. Aunque me parece igualmente problemático estigmatizar mis comportamientos compulsivos como algo repugnante o extraño.

Imaginar a alguien como sobrehumano tiene el mismo efecto que imaginarlo como infrahumano: en ambos casos, se trata a los enfermos como si fueran seres sustancialmente diferentes, porque el orden social le teme a lo que su fragilidad revela sobre la de todos los demás.

* * *

Yo diría que la forma adecuada de entender la idealización totalmente surrealista de la tuberculosis es que, cuando la enfermedad se propagó por las ciudades, el estigma por sí solo no podía responder al «por qué, por qué, por qué» de la tisis. En cambio, la gente empezó a concluir que la tuberculosis estaba causada por una personalidad que armonizaba particularmente con la belleza frágil y efímera de la vida, lo que tenía cierta lógica: en el norte de Europa, la mayoría de la gente creía que la tuberculosis era una enfermedad hereditaria, que se transmitía de padres a hijos igual que los rasgos de la personalidad. Por lo tanto, era lógico creer que la tuberculosis pudiera ir acompañada de otros rasgos, como la belleza, el genio y la sensibilidad.

Esta idealización se prolongó durante mucho tiempo: en el libro *Tuberculosis and the Creative Mind*, publicado en 1909, el doctor Arthur Jacobson sostenía que la tuberculosis ofrecía una «compensación divina» a la enfermedad: la vida de los pacientes con tuberculosis «se acorta físicamente, pero se acelera psíquicamente en una proporción inversamente proporcional al acortamiento». Puede que los románticos del siglo XIX murieran jóvenes, pero ¡qué poemas escribían!

* * *

En su libro ya clásico *Epidemics and Society*, Frank M. Snowden señala: «Los pulmones son más etéreos que los intestinos». Aunque la tuberculosis en sus últimas etapas puede provocar grandes cantidades de diarrea y vómitos, la tisis se consideraba generalmente una enfermedad etérea, del aire. Era una enfermedad de la respiración, del lugar donde el cuerpo interactúa con la atmósfera, un proceso tan sagrado que la palabra hebrea *ruach*, la palabra china *chi*, la palabra española *espíritu* y la palabra inuit *sila* derivan todas de vocablos que significan «aliento» o «respiración». La respiración, desde luego, es vida; la respiración es la señal más visible e irrefutable de que seguimos vivos. Inspirar es inhalar; expirar es exhalar el último aliento.

Por eso resultó fácil convertir esta enfermedad de la respiración en una enfermedad del espíritu, del *chi*, del *sila* y del *ruach*. Se creía que la tuberculosis elevaba los poderes creativos a nuevos niveles, ayudando a los artistas a conectar de manera más profunda con el espíritu a medida que sus cuerpos materiales se marchitaban literalmente.

Como prueba de la genialidad de los tuberculosos, los expertos señalaban el hecho de que todos, desde Stephen Crane hasta Frédéric Chopin, murieron de tuberculosis. (Se prestaba menos atención al hecho de que, en un mundo en el que más de una cuarta parte de la población moría de esta enfermedad, no debería sorprender especialmente que muchos artistas y escritores murieran a causa de esta.) Una revista londinense escribió en 1825: «Es un hecho sorprendente que el genio vaya a menudo acompañado de un rápido deterioro y una muerte prematura». Otra relacionaba la tisis con los escritores en particular, y escribía que «la rebeldía, el mal humor, la irascibilidad, la misantropía [y] las pasiones turbias [...] del escritor se deben a su singular condición física: en pocas palabras, sus excentricidades mentales son el resultado del trastorno de la salud corporal». Esto es precisamente lo que quiero decir cuando afirmo que la idealización no es una forma amable o generosa de tratar a los enfermos. Soy escritor y personalmente me ofende en lo más hondo la idea de que mi rebeldía, malhumor, irascibilidad, misantropía y pasiones turbias se deban a un trastorno de la salud física, aunque me impresione la capacidad de una revista del siglo XIX para describir con tanta precisión mi personalidad.

* * *

Heredar la tuberculosis suponía heredar también otros rasgos: la «personalidad tuberculosa» conllevaba una visión melancólica del mundo y una profunda comprensión de la belleza y la fragilidad de la vida. En los análisis sobre cómo la enfermedad aceleraba el genio se mencionaba de vez en cuando a artistas femeninas —al fin y al cabo, las hermanas Brontë murieron de tuberculosis, y es probable que Elizabeth Barrett Browning también—, pero la atención se centraba en los hombres y en cómo la tuberculosis potenciaba su talento. Se dice que los amigos de Victor Hugo bromeaban con él diciendo que podría haber sido un novelista verdaderamente genial... si hubiera contraído la tuberculosis. Lord Byron escribió: «Creo que me gustaría morir de tuberculosis [...] porque entonces todas las mujeres dirían: "Miren al pobre Byron, ¡qué cara más interesante se le puso ahora que está muriendo!"».

Es difícil exagerar lo profundo que era el vínculo entre la tisis y el genio creativo en la Europa y los Estados Unidos de los siglos XVIII y XIX.[14] Cuando las tasas de incidencia de la tuberculosis disminuyeron en los Estados Unidos hacia finales del siglo XIX, algunos médicos temieron que esto perjudicara la calidad de la literatura estadounidense, y uno de ellos escribió: «A cambio de la buena salud, puede que extrañemos ciertos placeres culturales».

Incluso en el siglo XX, Maurice Fishberg escribió en su libro *Pulmonary Tuberculosis* que los pacientes jóvenes con tuberculosis «muestran una enorme capacidad intelectual de tipo creativo. Esto se nota especialmente en los que poseen temperamento artístico [...]. Se encuentran en un estado constante

[14] Como veremos, la idealización del paciente tísico no se limitaba a Occidente.

de irritabilidad nerviosa, pero a pesar de que esto perjudica su condición física, siguen trabajando y producen sus mejores obras». Esta idea se conocía como *spes phthisica*, o esperanza del tísico, que el doctor David Morens define como «una condición que se cree propia de los tuberculosos, en la que el desgaste físico provoca el florecimiento eufórico de los rasgos pasionales y creativos del alma».

Incluso los propios artistas creían en la *spes phthisica*. El poeta estadounidense Sidney Lanier, consumido por la enfermedad, escribió a su esposa: «Creo que voy a morir pronto y que mi espíritu ha entonado su canto del cisne antes de desvanecerse. Durante todo el día, mi alma se ha adentrado veloz en el vasto espacio de lo sutil, lo profundo e indescriptible, impulsada por una brisa tras otra de melodía celestial».

* * *

Encontramos esta idealización también en relatos ficticios sobre la tisis. «Hay una enfermedad terrible —escribió Charles Dickens en *Nicholas Nickleby*— que prepara a su víctima, por así decirlo, para la muerte; que la refina de sus elementos más groseros [...] en la que la lucha entre el alma y el cuerpo es tan gradual, silenciosa y solemne, y el resultado tan seguro, que día a día, y grano a grano, la parte mortal se consume y se marchita, de modo que el espíritu se vuelve ligero y optimista al verse aligerado de su carga». Dickens no nombra la enfermedad, ni falta que les hacía a sus lectores. Esta idea de que el cuerpo se refina de sus elementos más groseros, de que la mente florece a medida que el cuerpo se marchita, ha pervivido hasta hoy, por supuesto, tanto porque consideramos a los enfermos como singularmente próximos a lo divino y lo sagrado, como porque el orden social trata a los que tienen el cuerpo más pequeño como más valiosos o bellos.

Fijémonos en el modo en que Harriet Beecher Stowe describe la muerte de una niña tísica en *La cabaña del tío Tom*: «La niña no sentía dolor [...] y era tan hermosa, tan cariñosa, tan confiada, tan feliz, que uno no podía sustraerse a la influencia consoladora de ese aire de inocencia y paz que parecía respirarse a su alrededor [...]. Era como el sosiego del espíritu que sentimos en medio de los bosques luminosos y templados de otoño».

Veamos los adjetivos que utiliza: cariñosa, confiada, feliz, consoladora, luminosos, templados. ¿Quién de nosotros no querría vivir una vida así y morir de esa manera? ¡Qué natural! ¡Qué hermoso! Y hay algo de cierto en ello: la gente suele morir de tuberculosis lentamente, en cuestión de meses o años, a diferencia de enfermedades epidémicas aterradoras como el cólera o la fiebre tifoidea, que arrasan ciudades como el fuego. Las personas que mueren de tisis a menudo —aunque no siempre— parecen morir en paz, o por lo menos, en silencio. Pero, en su mayor parte, se trataba de mentiras que la sociedad se contaba a sí misma para asimilar la pérdida de una parte tan considerable de sí misma debido a una enfermedad.

Sin embargo, hubo quienes vieron lo absurdo de esta mentira. Alexandre Dumas, por ejemplo, satirizó la idealización de la época. Afirmó con ironía que en 1823 y 1824 «estaba de moda estar enfermo del pecho; todo el mundo era tísico, sobre todo los poetas; era de buen tono escupir sangre después de cualquier emoción algo viva y morirse antes de los treinta años». Pero el hijo de Dumas abrazó también la visión romántica de la tisis; como señala David Barnes en *The Making of a Social Disease*, «el efecto devastador de la enfermedad en el cuerpo se describe como algo que realza la belleza femenina» en la novela de Alexandre Dumas hijo, *La dama de las camelias*.

* * *

En Gran Bretaña, quizás la víctima más famosa de la tuberculosis en el siglo xix fue el poeta inglés John Keats, quien, al igual que los Brontë, parecía tener una predisposición familiar a la enfermedad. (De hecho, Keats probablemente contrajo la tuberculosis al cuidar de su hermano tuberculoso.)

Como antiguo estudiante de Medicina, Keats sabía lo que significaba cuando vio una mancha de sangre en su esputo, y le dijo a un amigo: «Es sangre arterial. Esa sangre es mi sentencia de muerte. Voy a morir». Los amigos y colegas de Keats asociaban claramente su genio con su enfermedad. Percy Shelley (que también padecía tisis) le escribió: «Esta consunción es una enfermedad que afecta especialmente a las personas que escriben versos tan buenos como los tuyos».

A medida que su enfermedad se agravaba, Keats escribió sobre el dolor y la incapacidad de obtener oxígeno suficiente para su cuerpo: «No podemos haber sido creados para esta clase de sufrimiento». Deseaba la muerte, pero luego deseaba la vida, porque «la muerte destruiría incluso esos dolores que son mejores que la nada». Tenía veinticuatro años cuando escribió esas palabras y solo le quedaban cinco meses de vida.

Joseph Severn, amigo y cuidador de Keats, contó que el poeta a veces se despertaba llorando, destrozado por el hecho de seguir con vida y sufrir tanto dolor. Unos meses antes de su muerte, Keats escribió una especie de testamento. No tenía dinero: «Mi patrimonio material y personal consiste en la esperanza de vender libros publicados o inéditos», escribió, y luego, en la parte superior de la nota, garabateó y subrayó un verso, en forma de pentámetro yámbico: «*My chest of books divide among my friends*» («Que el cofre de mis libros se repartan mis amigos»).

En *Oda a un ruiseñor*, Keats escribió: «palidece la juventud, se vuelve flaco espectro y muere». Palabras proféticas. Cuando se le practicó la autopsia a Keats, al cabo de un par de días de su muerte, el médico escribió: «Los pulmones estaban completamente destruidos». Esta era, y sigue siendo, la realidad de la muerte por tuberculosis. Los afectados a menudo se ahogan cuando los pulmones se les encharcan de sangre y de pus. Mueren privados de oxígeno, desesperados por respirar. Un médico y antropólogo describió así la muerte típica por tuberculosis: «Le invade un dolor agudo y atroz en el pecho [...]. La expresión facial es de cruel sufrimiento, ojos prominentes, labios lívidos y frente húmeda».

* * *

Por supuesto, idealizar al joven artista atormentado no es algo exclusivo de la tuberculosis: pienso en cómo se hablaba del trastorno por consumo de sustancias de Billie Holiday o de la enfermedad mental de Vincent van Gogh. Hay algo en la vela que se apaga prematuramente que captura nuestra imaginación, tal vez sea que pensamos en los libros, los cuadros y las canciones que podrían haber sido y no fueron, o la idea de que los artistas simplemente brillan demasiado para este mundo.

La tuberculosis, raptora de los jóvenes, desempeñó un papel especial en esta relación entre la juventud, el arte y la salud, y no solo en Europa. El poeta indio Sukanta Bhattacharya murió de tuberculosis a los veinte años en 1947. Bhattacharya escribió de forma desgarradora sobre la hambruna de Bengala, orquestada por las autoridades coloniales británicas, que causó la muerte a quizás tres millones de personas. Es muy posible que la muerte de Bhattacharya se viera acelerada por sus propias experiencias durante la hambruna, ya que, como hemos visto, la desnutrición puede activar la tuberculosis latente.

«Nuestra historia estará marcada por / los vientres famélicos», escribió. Un periódico indio se refirió a él como «el John Keats de Bengala» y, al igual que Keats, se le atribuía una sabiduría superior a la propia de su edad, estrechamente vinculada a su sufrimiento. Pero, a diferencia de Keats, Bhattacharya era un poeta abiertamente político, y me obsesiona en particular uno de sus versos, escrito cuando le quedaba muy poco tiempo de vida: «Tu placer es la señal de nuestra muerte».

Pero no encuentro ningún escrito sobre la tuberculosis tan conmovedor como el de Masaoka Shiki, el poeta japonés al que acostumbra a atribuirse la revitalización del haiku como forma poética a finales del siglo XIX. Shiki padecía tuberculosis vertebral y pulmonar y pasó los últimos cinco años de su vida en cama, con dolores atroces y constantes. (Adoptó el seudónimo de Shiki por el cuco chico japonés que, según se creía, cantaba hasta escupir sangre.) Shiki idealiza el sufrimiento mucho menos que sus contemporáneos europeos, pero, al igual que Lanier, sintió la necesidad creativa hasta el momento de su muerte. De hecho, escribió varios haikus pocas horas antes de fallecer en 1902, comenzando con uno que se traduce así:[15]

Estropajo en flor.
Ahora soy un Buda
ahogado en flemas.

---

[15] Traducción de Jorge Braulio Rodríguez, «Los 3 últimos haikus de Shiki», *Hela. Hojas en la acera. Gaceta trimestral de haiku*, 2017 (9), núm. 35, p. 32. Las demás traducciones son de Jaime Lorente y Elías Rovira, *1200 haikus de Shiki*, disponible en línea en la web de El rincón del haiku V 2.0, http://nueva.elrincondelhaiku.org/category/traducciones/idioma-occidental/1200-haikus-de-shiki-jaime-lorente-y-elias-rovira/ (N. del T.).

Este Buda ahogado en flemas escribió de forma extensa sobre la experiencia de pasar la vida en la cama, ahogándose lentamente.

Dolor al toser
luz de lámpara nocturna,
pequeña como un guisante.

A lo largo de muchos de sus dieciocho mil poemas, Shiki captura de forma elíptica y brillante el dolor y el aislamiento de la enfermedad. Una serie de haikus comienza así:

¡Está nevando!
Puedo verlo
a través de un agujero en el shoji.

El poeta celebra la nieve, aunque solo alcance a verla a través de un agujero en el *shoji*, una persiana corrediza. Pero se siente más observador que participante:

Lo único en lo que puedo pensar
es en estar aquí tumbado
en esta casa rodeada de nieve.

El poeta tuberculoso no puede estar en la nieve, solo tumbado en una casa rodeada de nieve. Para mí, al menos, esta forma de entender la enfermedad crónica —como parte del mundo, pero sin que las circunstancias o el orden social te permitan estar del todo en él— es un sentimiento que surge de dentro y no impuesto desde fuera, una forma de pensar sobre las limitaciones y las oportunidades de la discapacidad que reconoce la diferencia y la pérdida sin alterizar ni idealizar. No es cariñosa ni confiada ni consoladora ni templada. Es auténtica.

7

LA ENFERMEDAD FAVORECEDORA

Tenías la *spes phthisica* de nacimiento o no la tenías. Hemos visto cómo esta creencia en el carácter hereditario de la tisis llevó a la gente a pensar que los tuberculosos tenían predisposición a la sensibilidad y al genio artístico. También se creía que la enfermedad refinaba a las mujeres, a veces en cuanto a sus dotes artísticas, pero sobre todo en cuanto a su belleza física.

Se creía que las mujeres tísicas se volvían más bellas, etéreas y maravillosamente puras. Como dijo Charlotte Brontë en una carta que escribió cuando su hermana agonizaba debido a la enfermedad: «La tisis, ya lo sé, es una enfermedad favorecedora».

Los pacientes con tuberculosis activa suelen tener la tez pálida y estar delgados, con mejillas sonrosadas y ojos hundidos debido a la baja oxigenación de la sangre y a las fiebres que suelen acompañar a la enfermedad, y todo eso se convirtió en rasgos de belleza apreciados en Europa y Estados Unidos. Henry David Thoreau escribió en su diario: «La enfermedad y la decadencia suelen ser hermosas, como las lágrimas nacaradas de las conchas o el brillo febril de la tisis».

La tisis estaba estrechamente relacionada con la belleza femenina en el norte de Europa. Los cuerpos menudos y delgados se asocian hoy tanto con la belleza (¡y con la salud!) que puede parecernos algo innato o instintivo que los cuerpos más pequeños nos resulten más atractivos que los de mayor tamaño. Pero eso no es inherente a la humanidad (y, de hecho, no era una preferencia significativa de la humanidad hasta hace relativamente poco tiempo). Dicho esto, es importante señalar que la idealización de los cuerpos pequeños no supuso el fin de la estigmatización de la tisis. Una vez más, vemos la mezcla de romanticismo y estigma en la forma en que se imagina el cuerpo de la mujer, a veces en una sola frase, como cuando una publicación del siglo XVIII ensalzaba las virtudes del cuerpo de tipo tísico: «La belleza de las mujeres se debe en gran medida a su delicadeza o debilidad»; a una palabra romántica que describe el ideal de belleza —«delicadeza»— la sigue otra estigmatizante —«debilidad»—.

* * *

La actriz inglesa Eliza Poe, cuya belleza era muy admirada, tenía el aspecto típico de las tuberculosas: sus mejillas sonrosadas, su piel de alabastro, sus ojos grandes y su cuerpo diminuto eran el resultado de la tisis, que la mató en 1811, cuando tenía poco más de veinte años y su hijo, Edgar, dos. Edgar Allan Poe describiría a muchas de las mujeres de sus relatos y poemas como igualmente frágiles, pálidas y de ojos grandes antes de morir él mismo, posiblemente de meningitis tuberculosa. Cuando Eliza murió, el «encanto tísico», como lo denominó Carolyn Day, se había apoderado de los cánones de belleza europeos. Se desaconsejaba a las mujeres la actividad física y pasar demasiado tiempo al sol. «Las damas lánguidas y apáticas, de tez pálida, estaban de moda», escribe Day. El novelista francés Henri Murger cuenta que el brillo del rostro del cadáver de una joven tísica daba la sensación de que «había muerto de belleza». Incluso el tratado médico de Henry Gilbert, *Pulmonary Consumption* (1842), contenía una oda a la belleza de las mujeres tísicas, y no lo digo en sentido figurado. El poema dice así:

Con paso tan callado cual brisa de verano,
¿quién llega de marchita beldad? Sus ojos
se esfuman al febril resplandor de la luz; y en
sus mejillas, un toque rosa, como si la punta
del dedo de la hermosura las hubiera pellizcado:
¡Ay! Se llama Consunción.

* * *

Podemos observar estos cambios en los cánones de belleza en el arte europeo de la época. Tomemos como ejemplo *Último suspiro* (también conocida en España como *Los últimos instantes*, 1858), del fotógrafo inglés Henry Peach Robinson, en la que Robinson combinó cinco negativos fotográficos diferentes para crear un retrato. En un estudio preliminar para *Último suspiro*, una joven modelo, Sarah Cundall, hija de un tendero, aparece pálida, demacrada y débil por la tuberculosis. Sin embargo, nos la presenta claramente como hermosa, con la sábana que le cubre la parte inferior del cuerpo imitando el drapeado de las estatuas renacentistas.

En la versión definitiva de *Último suspiro*, la imagen de Cundall se ha combinado con otros negativos para crear la imagen de una «buena muerte». El público inglés victoriano se escandalizó por la fotografía de Robinson porque representaba un momento humano tan íntimo de forma tan realista que muchos pensaron que la frágil joven estaba exhalando, en efecto, su último suspiro. Pero otros quedaron encantados con la obra de arte; de hecho, el príncipe Alberto compró una

Jamás se lo dijo a su amor, impresión en albúmina de plata a partir de un negativo sobre placa de vidrio de Henry Peach Robinson, 1857. Estudio preliminar para *Último suspiro*.

Último suspiro, montaje a partir de cinco negativos de Henry Peach Robinson, 1858.

copia. En estas fotografías vemos la imagen totalmente idealizada de una joven de una seductora palidez que no muere de forma violenta ni desfigurada, sino que se desvanece apacible (y pasivamente) a causa de la tisis.

Hacia la misma época en que se hizo esta fotografía, algunas mujeres se aplicaban belladona en los párpados, aunque en cantidades de una toxicidad mínima, para dilatar las pupilas y tener los ojos muy abiertos, característicos de los tísicos.[16] Las revistas también ofrecían indicaciones sobre cómo aplicar el carmín en los labios y el colorete las mejillas para reproducir el brillo febril de la tisis. No hace falta decir que estos cánones de belleza siguen influyendo en lo que se considera el ideal de belleza femenina en gran parte del mundo.

La idealización de la tuberculosis también influyó en la moda tanto masculina como femenina, aunque la relación entre moda y enfermedad fuera compleja y debemos tener cuidado de no confundir correlación con causación. A menudo se ha dicho, por ejemplo, que los corsés pretendían emular la experiencia de la tisis porque su estrechez limitaba la respiración y la actividad física de las mujeres, pero más recientemente, los historiadores han descubierto que la mayoría de los corsés no eran particularmente estrechos ni rígidos y que la relación entre la prenda y la enfermedad se ha exagerado. De hecho, los hombres (médicos incluidos) de la época argumentaban que los corsés podían restringir la circulación de la sangre y que eran una fuerza maligna que *causaba* la tisis al obligar a la sangre a estancarse en los pulmones. Otras prendas de vestir (incluida la ropa masculina que apretaba la cintura) se consideraban también favorecedoras de la tisis. Un artículo

---

[16] La belladona también tenía otros usos medicinales: los optometristas la utilizaban desde hacía mucho tiempo para dilatar las pupilas en los exámenes oculares.

afirmaba que llevar zapatos finos era «equivalente a la tos seca y al rubor febril». Así que, aunque los historiadores masculinos hayan relacionado los corsés con la tisis, los historiadores de la moda contemporánea con los que he hablado no creen que la indumentaria femenina de la época pretendiera imitar o fomentar los síntomas de la tuberculosis. Al contrario, en Europa, la indumentaria de moda se consideraba un factor de riesgo para contraer la tisis precisamente porque el orden social patriarcal la desaprobaba.

* * *

Recientemente encontré un comentario en un video sobre la tuberculosis en el que una mujer llamada Jil escribió: «Como persona obesa, yo antes deseaba tener una enfermedad debilitante como la tuberculosis. Es… es una locura». Decenas de personas respondieron a ese comentario con sus propias experiencias de haber recibido elogios por perder peso debido a una enfermedad potencialmente mortal, o con sus fantasías sobre tenias y otras enfermedades que les harían adelgazar. La idea de enfermar para parecer sano o guapo revela hasta qué punto el ideal de la belleza tísica sigue influyendo en el mundo que compartimos.

Pero, por muy extendidos que estén estos estándares de belleza, hay que recordar que no son universales. En Sierra Leona, ser menudo y flaco como Henry no era sinónimo de belleza, sino de retraso en el crecimiento y de enfermedad.[17]

[17] Una vez, en una visita a Sierra Leona, me encontré con un viejo conocido al que no veía desde hacía cinco años. «¡Mira qué gordo te pusiste!», me dijo con tono de aprobación. «Un poco, supongo», respondí, sintiéndome cohibido. «No, no —replicó, dándome una palmada en la barriga—. ¡Has engordado mucho!». Pero, por supuesto, él no vivía en el siglo XIX y tampoco era blanco.

De hecho, Henry encajaba a la perfección en el ideal tísico: ojos grandes, pómulos marcados y temperamento creativo. Escribía hermosos poemas y su interés por la escritura fue en aumento durante su enfermedad. Era de una brillantez sobrenatural y profundamente sensible, y expresaba sentimientos profundos de anhelo y amor en sus recuerdos y poemas.

Pero claro, no vivía en el siglo XIX ni tampoco era blanco.

* * *

Si el ideal de belleza pálido, delgado, de ojos grandes y mejillas sonrosadas ha demostrado ser sorprendentemente duradero, la combinación de la blancura con la tisis resultaría aún más devastadora para la salud y la equidad humanas. Un ensayo de 1807, «Sobre la belleza de la piel», decía: «La piel blanca, ligeramente teñida de carmín, suave y tersa al tacto, es lo que comúnmente llamamos una piel bella». La piel clara con mejillas sonrosadas y ojos prominentes y redondos nos recuerda los últimos días antes de la muerte por tuberculosis. Las mejillas están sonrosadas por la fiebre; la piel es blanca debido a la falta de oxígeno; los pómulos y los ojos son prominentes porque el cuerpo, como dijo no hace mucho un sobreviviente de la tuberculosis, «se transforma en esqueleto». Pero al leer estas descripciones de belleza o refinamiento, nos asalta en todas ellas la palabra «blancura». *The Ladies' Toilette* nos dice: «La blancura es una de las cualidades que debe poseer la piel para que pueda considerarse bella». El libro *Female Beauty* de 1837, lo expone claramente: «La blancura es la cualidad más esencial de la piel».

A las personas apreciadas por su belleza en Europa y Estados Unidos en aquella época se las describía como poseedoras de una piel «de alabastro», «de mármol» o «translúcida». De hecho, en el retrato más famoso de Eliza Poe, es difícil distinguir dónde termina su piel de tísica y dónde comienza su vestido blanco.

* * *

Como observa Frank M. Snowden en *Epidemics and Society*, los médicos blancos de Europa y Estados Unidos coincidían, en general, en que la tuberculosis era, como decían algunos observadores del siglo XVIII, una enfermedad de la civilización. Todo el mundo sabía que las comunidades rurales eran menos vulnerables a la tuberculosis. «Por mucho que me guste Londres —escribió una madre después de que tanto ella como su hija enfermaran—, me resulta fatal, según parece, vivir aquí». Pero en un orden social altamente racializado, concebir la tisis como una enfermedad «civilizada» también significaba que no podía ser una enfermedad de personas incivilizadas, lo que fomentaba la racialización de la tuberculosis.

En Europa y Estados Unidos, la mayoría de los médicos blancos creían que la tisis, al ser heredada por personas con gran sensibilidad e inteligencia, *solo* podía afectar a los blancos, y a veces la llamaban «la peste del hombre blanco». Un médico estadounidense, por ejemplo, la calificó de «enfermedad de la raza superior, no de la raza esclava». Como escribe Snowden, «en Estados Unidos, la opinión mayoritaria era que los afroamericanos contraían una enfermedad diferente. La renuencia incluso a darle un nombre dice mucho sobre la jerarquía racial predominante y la falta de acceso a la atención médica por parte de las personas de color». El mismo fenómeno se daba en todos los imperios coloniales. Muchos colonialistas europeos creían que la tuberculosis no existía en el sur de Asia ni en África, a pesar de que los médicos que trabajaban en las comunidades colonizadas sabían que no era así. Como escribió uno de ellos en 1829: «Es un error muy extendido que las enfermedades pulmonares son raras y fáciles de curar en la India».

Lo que vemos aquí es otro ejemplo más de cómo nuestra concepción de la tuberculosis está determinada por fuerzas sociales, que a su vez determinan cómo y dónde puede expandirse la enfermedad. En la India, donde se suponía que la tuberculosis era rara y fácil de curar en 1829, en realidad no era ni lo uno ni lo otro. En la India colonial siempre hubo una gran cantidad de enfermos y muertes por tisis; simplemente, las autoridades coloniales no los detectaban ni los contabilizaban. Al fin y al cabo, la premisa del colonialismo era la superioridad de la raza blanca, y la premisa de la *spes phthisica* era que solo las personas superiores y civilizadas (léase: blancas) podían contraer la tisis. Reconocer que la tisis era común entre las personas esclavizadas, colonizadas y marginadas habría puesto en tela de juicio no solo la teoría de la enfermedad, sino el proyecto colonialista en sí.

8

EL BACILO

Nuestra visión histórica se ha centrado en el norte de Europa y los Estados Unidos, donde la tuberculosis se consideró hereditaria durante la mayor parte del siglo XIX, pero ciertamente no fue así en todas partes. Las tasas de incidencia de la tisis parecen haber sido más bajas, por ejemplo, en China, donde los médicos taoístas sostuvieron que la enfermedad era infecciosa a partir del siglo XII. La tuberculosis era asimismo menos frecuente en el sur de Europa, donde también se entendía que la enfermedad era infecciosa. Cuando la escritora George Sand intentó encontrar un lugar en España donde alojar al tuberculoso Frédéric Chopin, le escribió a un amigo: «La tisis es rara en estos climas y pasa por contagiosa». Pero, por supuesto, la tisis era rara en esos climas precisamente *porque* pasaba por contagiosa. «Nos instalamos en la cartuja de Valldemossa —continúa Sand— […] No pudimos procurarnos criados porque […] nadie quería servir a un tísico […]. Pedimos un solo favor, el primero y el último: un carruaje para transportarlo a Palma, desde donde queríamos embarcarnos. Ese favor nos fue denegado, a pesar de que nuestros *amigos* tuvieran todos carruajes y dinero».

* * *

Hacia finales del siglo XIX, la tisis comenzó a remitir también en el norte de Europa y en Estados Unidos. Durante ese proceso, se dejó de idealizar la enfermedad. La remisión se produjo en parte porque, al mejorar la calidad de vida de los ricos y de la clase media emergente, estos eran menos propensos a vivir o trabajar en las condiciones de hacinamiento que facilitaban la transmisión de la tuberculosis. Cada vez más, eran los pobres los que parecían enfermar, por lo que la gente comenzó a apartar la mirada de «las jóvenes lánguidas y desmayadas y sus románticos amantes», escribieron René y Jean Dubos. «En su lugar, se fijaron en la miserable humanidad que vivía en las sórdidas viviendas surgidas de la Revolución Industrial. En las "ciudades tentaculares" vieron multitudes de hombres, mujeres y niños, también pálidos, a menudo con frío y hambre, que trabajaban durante larguísimas jornadas en fábricas oscuras y hacinadas, respirando humo y polvo de carbón. Allí estaba la tuberculosis, infligiendo sufrimiento y dolor sin romanticismo».

De hecho, así es como entendemos ahora el auge de la tisis en los siglos XVIII y XIX: no fue resultado de la civilización, ni de la piel blanca, ni de personalidades sensibles, sino de la industrialización. El auge de las ciudades y las fábricas donde se explotaba a los obreros era sinónimo de hacinamiento en mercados, fábricas y calles, el caldo de cultivo ideal para la tuberculosis. Así, al igual que Gran Bretaña fue la zona cero de la Revolución Industrial, también lo fue de la explosión de la tuberculosis. En el siglo XX se produjeron brotes parecidos en la India y Nigeria a medida que se industrializaban. «El viaje en paralelo de la tuberculosis con el capital», en palabras de la periodista de investigación Vidya Krishnan, se manifiesta en un brote tras otro.

Así, se demostró que la tuberculosis no era una enfermedad de la civilización, sino de *la industrialización*; del hacinamiento y el revoltijo de las grandes ciudades con viviendas y fábricas abarrotadas, donde las partículas expulsadas al toser permanecían en el aire viciado. A medida que avanzaba el siglo, cada vez eran más quienes argumentaban, con pruebas también cada vez más sólidas, que la tuberculosis parecía ser una enfermedad infecciosa. Pero la influencia de los partidarios de la transmisión hereditaria era aún considerable. En 1881, un importante libro de texto de medicina identificaba así las causas de la tuberculosis: «disposición hereditaria, clima desfavorable [...] deficiencia de luz y emociones depresivas».

Sin embargo, al año siguiente, todas estas causas se vieron impugnadas al quedar claro que la causa de la tuberculosis era la propagación de «un microbio pernicioso» llamado *Mycobacterium tuberculosis*. Identificado por el médico alemán Robert Koch, el descubrimiento de *M. tuberculosis* cambiaría radicalmente nuestra concepción de la enfermedad, así como nuestras estrategias para contenerla, tanto desde el punto de vista médico como psicosocial.

En el artículo en el que anunció el descubrimiento de la bacteria causante de la tuberculosis, era como si Koch reconociera la idealización de la enfermedad. Parecía sentirse ligeramente a la defensiva al intentar argumentar que la principal causa de muerte en el mundo era algo importante de verdad: «Si la importancia de las enfermedades para el género humano se mide por el número de muertes que causan, entonces la tuberculosis debe considerarse mucho más importante que las enfermedades infecciosas más temidas, como la peste, el cólera y demás».

* * *

Con frecuencia se imagina la historia como una serie de acontecimientos que se suceden uno tras otro, como fichas de dominó que van cayendo. Pero la mayoría de las experiencias humanas son procesos, no acontecimientos. El divorcio puede ser un acontecimiento, pero casi siempre es el resultado de un largo proceso, y lo mismo podría decirse del nacimiento, la batalla o la infección. Del mismo modo, gran parte de lo que algunos imaginan como dicotomías, en realidad, cubre un amplio espectro, desde la neurodiversidad hasta la sexualidad, y gran parte de lo que parece ser obra de individuos concretos es fruto de la colaboración de muchos. Nos encantan los relatos de individuos geniales cuya vida está plagada de acontecimientos importantes y que resultan ser héroes o villanos, pero el mundo es intrínsecamente más complejo que los relatos que le imponemos, al igual que la realidad de la experiencia es intrínsecamente más compleja que el lenguaje que utilizamos para describirla. Creo que vale la pena recordarlo al hablar de Robert Koch. Koch hizo descubrimientos importantes, pero estos se produjeron de forma simultánea a una serie de hallazgos relacionados con los microorganismos, ya que estos progresos científicos los hacían personas muy diversas que podían compartir sus hallazgos de manera eficiente gracias a las revistas médicas. (De hecho, quince años antes del descubrimiento de Koch, Edwin Klebs demostró la existencia de una cadena de transmisión de la tuberculosis, pero sus investigaciones quedaron oscurecidas porque no se les dio la difusión necesaria y porque Klebs no consiguió aislar e identificar el agente infeccioso propiamente dicho.)

Y, al igual que el descubrimiento de Koch no surgió de la nada, tampoco lo hizo su catastrófica caída.

* * *

En 1869, Koch era un médico de veintiséis años que ejercía en un pueblo de lo que hoy es Polonia occidental. En aquella época era habitual que los médicos fueran jóvenes, ya que aún no existían los años de posgrado y residencia que hoy asociamos con la profesión, entre otras cosas porque no había tanto que aprender. Koch andaba apurado con su consulta hasta que un barón local se pegó un tiro por accidente. Utilizando las nuevas técnicas de higiene que comenzaban a implantarse en Europa, Koch logró impedir que se le infectara la herida y salvó al barón, lo que le valió un pequeño reconocimiento local.

Koch estaba fascinado por las infecciones de las heridas y las criaturas invisibles que algunos creían que podían causarlas. Su esposa, Emma, le compró un microscopio como regalo para que pudiera ver estos organismos por sí mismo.[18]

Koch intentó una y otra vez entrar en el mundo de los científicos de verdad: quería un puesto en una universidad y que sus artículos se publicaran en las mejores revistas, pero, a pesar de la meticulosidad de sus investigaciones, que se convertiría en su sello distintivo, el éxito lo esquivó hasta que realizó un importante descubrimiento en 1876, al demostrar de forma clara y elegante que el ántrax era una infección bacteriana. Koch examinó una muestra de tejido de un animal que se sabía que había muerto recientemente de ántrax. Después de teñir la muestra, observó unas criaturas con forma de bastón que seguían moviéndose a la luz del microscopio. A continuación, inyectó tejido del animal enfermo en un conejo sano en cuyas muestras de tejido no se apreciaba la presencia de estos microorganismos móviles.

---

[18] Robert pagaría la generosidad de Emma manteniendo un largo idilio con una adolescente llamada Hedwig; Koch acabó dejando a Emma por Hedwig, una decisión que encajaba perfectamente con su ambición y su egocentrismo implacables. Pero eso fue en la década de 1890, después de que Koch se hiciera famoso, rico, poderoso y cayera en desgracia.

El conejo, que antes estaba sano, no tardó en morir, y el análisis *post mortem* del tejido reveló una «cantidad moderada» de esos organismos con forma de bastoncillo que ahora conocemos como la bacteria *Bacillus anthracis*.

Pero esto aún no demostraba la causalidad. Cabía la posibilidad de que algún otro elemento del tejido del conejo muerto hubiera matado al conejo sano y la presencia de bacterias fuera una mera coincidencia. Así pues, Koch tomó una muestra del conejo muerto, dejó que las bacterias se multiplicaran en una solución hecha con huevo de gallina y, a continuación, tomó una muestra de la solución de huevo y se la inyectó a otro conejo, que también murió al poco tiempo.

Koch había demostrado que la bacteria causaba el ántrax aislándola y estableciendo la cadena de transmisión, lo que sigue siendo una herramienta importante en bacteriología y virología. El artículo que escribió a partir de sus experimentos causó sensación —en la medida en la que pueda causarla un artículo de una revista de medicina—, y Koch se convirtió en una estrella, a la que invitaban a visitar los grandes centros de investigación médica de la época y a dar conferencias sobre el campo emergente de las enfermedades infecciosas.

Koch pronto hizo su descubrimiento más conocido cuando demostró que las bacterias que había aislado de un tubérculo —esas masas esféricas de glóbulos blancos que contienen bacterias de la tuberculosis en su interior— podían dar origen a una cadena de transmisión parecida a la observada con el ántrax.

Preparó un cultivo de los microbios en forma de bastón que se encontraban dentro de un tubérculo y luego inyectó las bacterias en un conejillo de Indias, que enfermó gravemente. Koch había demostrado que la tuberculosis (al menos en los conejillos de Indias) no partía de su predisposición genética, sino de la infección de estas diminutas bacterias semovientes.

Cuando Koch presentó el artículo en el que demostraba que la tuberculosis estaba causada por lo que él denominó *Mycobacterium tuberculosis*, «no hubo aplausos, ni murmullos, ni debate —escribe Thomas Goetz en su brillante libro *The Remedy*—. El público se quedó sencilla, total y absolutamente anonadado». El científico Paul Ehrlich escribiría más tarde: «Considero que aquella sesión fue la experiencia más importante de mi vida científica».

* * *

A finales del siglo XIX, la replicación y aceptación de las investigaciones de Robert Koch puso fin a la época de la tisis, una enfermedad hereditaria que hacía crecer el alma al encoger el cuerpo. Había comenzado la época de la tuberculosis, una enfermedad infecciosa de los pobres y marginados. En efecto, nuestra forma de entender la «tisis» —esa enfermedad luminosa, leve y benigna que describió Harriet Beecher Stowe— es tan diferente de nuestra forma de entender la «tuberculosis» que, aunque se trata de la misma enfermedad, es comprensible que se creyera que no tenían nada que ver. Al fin y al cabo, la tisis era una enfermedad favorecedora, un trastorno genético que enriquecía el alma al tiempo que destruía lentamente el cuerpo. La tuberculosis era un horror, una contaminación invisible que proliferaba en tu interior y luego se transmitía a cualquiera que tuvieras cerca.

9

NO ES UNA PERSONA

Puede apreciarse el profundo cambio de una enfermedad intelectual hereditaria a una enfermedad contraída por la suciedad en la racialización de la tuberculosis. Todavía en 1880, los médicos blancos estadounidenses seguían argumentando que la tisis no se daba entre los afroamericanos, quienes, según se afirmaba, carecían de la superioridad intelectual y el temperamento sereno necesarios para verse afectados por la peste blanca. Pero después de que Koch identificara a la *Mycobacterium tuberculosis* en 1882, todo eso quedó atrás.

La medicina racializada ya no defendía que las altas tasas de tuberculosis entre los blancos fueran señal de la superioridad de los blancos, sino que sostenía que las altas tasas de tuberculosis entre los negros eran señal de la superioridad de los blancos. Así, por ejemplo, el tratado de un médico blanco de 1896 afirmaba que los afroamericanos morían de tuberculosis de manera desproporcionada debido a su menor capacidad torácica y a su mayor frecuencia respiratoria.

Desde luego, nada de esto es cierto. Las personas negras no eran más susceptibles a la tuberculosis debido a factores inherentes a la raza, *sino debido al racismo.* Debido al racismo, los afroamericanos eran más propensos a vivir en condiciones de hacinamiento, un importante factor de riesgo para la tuberculosis. Debido al racismo, los afroamericanos eran más propensos a sufrir malnutrición, otro factor de riesgo. Debido al racismo, los afroamericanos eran más propensos a sufrir estrés intenso y tenían menos posibilidades de acceder a la atención sanitaria. Por citar una historia entre miles, Thomas Albert White, un veterano de raza negra de la Primera Guerra Mundial, vio cómo su tuberculosis latente se convertía en activa tras un ataque con armas químicas. Regresó a Estados Unidos y el Gobierno federal lo envió a una serie de hospitales para tuberculosos, todos los cuales se negaron a ingresarlo a pesar de las órdenes del Gobierno de que lo admitieran. White acabó muriendo de su enfermedad sin haber recibido atención médica.

De manera parecida, a principios del siglo XX, se consideraba que los inmigrantes irlandeses y chinos en Estados Unidos, debido a su raza, eran más susceptibles a la tuberculosis. Pero tanto en el pasado como en la actualidad, la tuberculosis no se transmite principalmente por los caminos que le abre la raza, excepto en la medida en que lo determinan las estructuras de poder humanas.

Esta medicina racializada tuvo, desde luego, sus críticos: saltaba a la vista que era un disparate desde el principio, y hubo quien la rechazó, sobre todo, el personal sanitario negro. En 1909, un tal doctor Stile, de Tennessee, afirmó que «el negro es el culpable de su propia susceptibilidad a la tuberculosis». En respuesta, un médico anónimo de raza negra escribió a una revista médica que este tipo de medicina racializada «recuerda a un político barato que busca la fama y un cargo jugando con la pasión y los prejuicios más que a un médico que debate filosóficamente un tema científico en pro de la difusión del conocimiento». Así que sí hubo opositores, pero rara vez les hacían caso.

Este sesgo contra las personas marginadas y el personal sanitario que las atiende ha demostrado de forma directa ser uno de los grandes cómplices de la tuberculosis durante el último siglo. ¿Sería muy distinta la historia contemporánea de la tuberculosis si hubiéramos escuchado a médicos afroamericanos como el doctor A. Wilberforce Williams, quien señaló hace más de un siglo que la verdadera causa de la tuberculosis no era la raza, sino «la pobreza, las malas condiciones de alojamiento y de trabajo, la insalubridad, las largas jornadas laborales, los alquileres elevados [y] la mala alimentación»?

Mientras tanto, la comunidad médica estadounidense, en su mayoría blanca, tendía a centrarse en la llamada «susceptibilidad racial», la idea de que algo inherente a la genética de las personas negras causaba la tuberculosis, una especie de *spes phthisica* de la era de las enfermedades infecciosas. Algunos médicos blancos incluso argumentaban que la «susceptibilidad» era el resultado de la abolición de la esclavitud en Estados Unidos. En su famoso ensayo de 1896 «The Effects of Emancipation upon the Mental and Physical Health of the Negro of the South», el doctor J. F. Miller argumentaba (falazmente) que la tuberculosis era una enfermedad «rara» «entre los negros del sur antes de la emancipación».

En realidad, la enfermedad era «rara» porque los esclavos no tenían quien los diagnosticara y vivían en un mundo en el que los médicos blancos suponían que la tisis entre los negros era poco común o imposible. Pero Miller sostenía que la verdadera causa de la enfermedad era que «incluso ahora, después de treinta años o más de libertad, [el negro] apenas piensa en el mañana, pero el mañana acaba llegando y a menudo lo toma totalmente desprevenido a la hora de hacer frente a sus exigencias». Miller alegaba que la única manera de devolver la salud a los negros era reinstaurando la esclavitud.

Este era el mundo en el que vivían las personas de raza negra con tuberculosis en los Estados Unidos, un mundo en el que la clase médica les decía que su enfermedad era causada por debilidades y susceptibilidades inherentes a su raza, o bien por el mero hecho de ser ciudadanos libres. Así, incluso después de comprender que la tuberculosis era una infección, continuábamos culpando a los enfermos, pero con una óptica radicalmente racializada y estigmatizante que causaba más daño a los enfermos que las formas anteriores de estigma.

* * *

No resulta exagerado decir que la tuberculosis se convirtió en una forma de violencia racializada. En Canadá y Estados Unidos, por ejemplo, sacaron por la fuerza a muchos niños indígenas de sus hogares para ingresarlos en internados. Ya en 1907, los expertos alertaron de que con este proyecto era «casi como si se hubieran provocado deliberadamente las condiciones óptimas para la aparición de epidemias». Desde luego, la tasa de mortalidad por tuberculosis en los internados canadienses es algo sin precedentes en la historia de la humanidad.

La Asociación Canadiense de Salud Pública calcula que, en las comunidades indígenas, alrededor de 700 de cada 100 000 personas morían anualmente de tuberculosis en los años treinta y cuarenta del siglo pasado. Los indígenas tenían más de diez veces más probabilidades de morir de tuberculosis que los canadienses blancos. Pero en los internados, la tasa era de *8 000* por cada 100 000, lo que significa que el 8% de todos los niños recluidos en estos centros morían de tuberculosis *cada año.* Y estas desigualdades persisten: hoy en día, los inuit tienen más de 400 veces más probabilidades de contraer tuberculosis que los canadienses blancos. Como han escrito Lena Faust y Courtney Heffernan, «estas muertes no deben tomarse a la ligera como una mera consecuencia inevitable de una epidemia pertinaz, sino que son el resultado de la negligencia y el maltrato deliberados por parte de los artífices del sistema de internados».

Las personas que son tratadas como seres humanos inferiores por el orden social son, desde luego, más susceptibles a la tuberculosis; pero no por sus códigos morales, sus elecciones o su genética, sino porque el orden social las trata como seres humanos inferiores.

* * *

Esto nos devuelve a un aspecto importante a la hora de comprender las respuestas humanas a la enfermedad: la estigmatización y los relatos éticos que construimos en torno a la enfermedad.

Mi padre tuvo cáncer dos veces cuando yo era niño, y pude verlo de primera mano. La gente decía que tenía cáncer porque sus padres habían fumado, o porque no hacía suficiente ejercicio, o porque no comía brócoli, o lo que fuera. Y es cierto que ser fumador pasivo y tener una dieta deficiente son factores de riesgo para el cáncer, pero también es cierto que la gran mayoría de las personas cuyos padres fumaban no contraen cáncer cuando tienen treinta y dos años y son padres de dos niños. Presentar la enfermedad como algo relacionado con la moral me parece un error, porque, por supuesto, al cáncer le da igual si eres buena persona. La biología carece de brújula moral. No castiga al mal y recompensa al bien. Ni siquiera sabe lo que son el mal y el bien.

La estigmatización es una forma de decir: «Te lo tienes merecido», pero también implica que «yo no me lo merezco, así que no tengo por qué preocuparme de que me pase a mí». Esto puede desembocar en una especie de doble culpabilización de los enfermos: además de vivir con las dificultades físicas y psicológicas que entraña la enfermedad, tienen que soportar que se menosprecie su humanidad.

Las personas que viven con tuberculosis hoy en día me han dicho que luchar contra la enfermedad es difícil, pero luchar contra el estigma de sus comunidades aún lo es más. La sobreviviente de tuberculosis Handaa Enkh-Amgalan escribe de forma conmovedora sobre el tema en su libro *Stigmatized*, en el que relata cómo los médicos le dijeron que ocultara su diagnóstico para que no le impidiera casarse y la marginara para siempre de su comunidad. La doctora Jennifer Furin, experta en tuberculosis, tuvo una paciente que se echó a llorar al saber que tenía la enfermedad en vez de cáncer de pulmón. «Pero podemos tratarla —le dijo la doctora Furin a su paciente—. Es curable». Aun así, la joven prefería que le hubieran diagnosticado cáncer porque eso habría avergonzado menos a su familia.

La estigmatización es algo muy complejo, por supuesto, pero los investigadores han identificado ciertas características de las enfermedades altamente estigmatizadas. Las enfermedades crónicas suelen verse más estigmatizadas que las agudas, por ejemplo, al igual que las enfermedades que percibimos como altamente peligrosas. Y, lo que es fundamental para comprender la tuberculosis, el estigma puede agravarse si la enfermedad se considera infecciosa. Por último, también es importante el origen —o lo que se percibe como tal— de la enfermedad. Si se considera que una enfermedad es el resultado de una elección, es más probable que se estigmatice. Las enfermedades mentales se suelen considerar resultado de una elección o una debilidad moral, al igual que algunos tipos de enfermedades cardiacas y cánceres. E incluso cuando no existen pruebas de una relación clara entre el carácter y la enfermedad, inventamos una: durante mucho tiempo se creyó, por ejemplo, que el cáncer era el resultado del aislamiento social o de reprimir los sentimientos. Incluso cuando estas explicaciones son crueles y deshumanizadoras, las aceptamos, porque el tigre tiene que descansar, el ave se tiene que posar y el hombre tiene que afirmar: «Ya sé, ya sé, ya sé».

* * *

Al igual que todas las enfermedades crónicas que percibimos como altamente peligrosas, la tuberculosis ha sido muy estigmatizada a lo largo de la historia, y sigue siéndolo. Hoy en día, la tuberculosis se suele considerar una deshonra debido a su asociación con la pobreza, pero también acostumbra a asociarse con una elección o una debilidad moral.

Cuando visito a sobrevivientes de la tuberculosis, casi todos mencionan el estigma como lo más difícil de superar. En gran parte del mundo, es habitual que lleven a los niños diagnosticados con tuberculosis a un hospital o centro de tratamiento donde sus familias los abandonan. Un sierraleonés que había sobrevivido a una larga batalla contra la tuberculosis farmacorresistente me dijo que le daba miedo ir a Freetown porque no quería encontrarse con ninguno de los numerosos miembros de su familia extensa que lo habían rechazado después de que enfermara. Enviaba mensajes a sus amigos y familiares por WhatsApp, pero estos le respondían que estaba maldito y que no querían verlo.

Una joven abandonada por su familia me dijo: «Para ellos, yo no soy una persona». El estigma era tan profundo que había momentos en los que deseaba haber muerto de tuberculosis en lugar de curarse. Cuando la gente se enteraba de que había sobrevivido a la tuberculosis, dejaban de visitarla. Los vecinos lo sabían y todos la trataban como si fuera diferente. Algunos miembros de su comunidad decían que había contraído la tuberculosis porque su familia había sido castigada por Dios. Otros decían que había sucedido porque eran pobres, porque el techo de su casa tenía goteras o porque su madre practicaba la magia negra. Es fácil restar importancia a esta clase de supersticiones, pero todos estigmatizamos injustamente a los demás. Todos participamos en el acto punitivo de dar significado a una enfermedad.

* * *

Henry tuvo la suerte de que sus padres no lo abandonaran, pero muchos miembros de su familia extensa rompieron con él. Isatu, en cambio, se aferró más que nunca a su único hijo vivo, y Henry sentía ese amor en Lakka. En un poema, escribió:

Mamá, eres especial y hermosa.
Tú te quedas conmigo
después de que todos huyeran,
el primero, mi primo.
Pero tú te mantienes firme.

Pienso con frecuencia en ese poema, en el asombro que me produce el cambio de tiempo verbal entre «Tú te quedas conmigo» y «después de que todos huyeran». Isatu está en el presente, mientras que todos los demás están en el pasado.

10

ESTUDIO EN TUBERCULINA

Robert Koch no fue el único al que aclamaron como genio de la teoría de los gérmenes en su época. El médico francés Louis Pasteur saltó a la fama en la década de 1860 gracias a su investigación (típicamente francesa) sobre el papel que desempeñan los microorganismos en la fermentación del vino. A principios de la década de 1880, Pasteur no solo corroboró el descubrimiento de Koch de que el ántrax era causado por bacterias, sino que también desarrolló una vacuna contra el ántrax, calentando la bacteria hasta el punto en que ya no podía producir esporas e inyectándola después en animales no humanos. Pasteur demostró que, tras la vacunación con estas bacterias muertas, los animales quedaban inmunizados contra la infección mortal del ántrax, con lo que no solo confirmó la causa del ántrax, sino que aportó un remedio a la enfermedad.

Para comprender lo que sucedió en el mundo de la medicina tras el descubrimiento del bacilo de Koch, debemos tener en cuenta ciertas cuestiones de geopolítica. En aquella época, franceses y alemanes acababan de concluir la guerra franco-prusiana, que se consideró una gran victoria para el pueblo alemán y, de hecho, para el nacionalismo alemán en general.

Habían arrasado Francia gracias a su superioridad tecnológica y militar, pero también debido a su mejor asistencia sanitaria: el uso de antisépticos durante el tratamiento de heridas era habitual entre los médicos alemanes, pero no entre los franceses, por lo que las bajas de los alemanes habían sido significativamente menores. Los avances médicos se consideraban esenciales para el éxito alemán. Por lo tanto, fue una gran decepción para las autoridades alemanas que el descubrimiento del ántrax por parte del alemán Koch quedara eclipsado al cabo de pocos años por la vacuna contra el ántrax del francés Pasteur.

Me parece interesante que incluso aquí, en el mundo supuestamente puro de la ciencia, sintamos el peso de las fuerzas históricas sobre los descubrimientos. Nuestro afán de encontrar culpables, la competencia por los recursos entre comunidades que saldrían ganando si cooperaran y nuestra larga historia de guerras influyen también en los descubrimientos.

Tanto los políticos franceses como los alemanes relacionaban y ensalzaban los descubrimientos médicos y el éxito nacional. Después de que Koch identificara la bacteria causante del cólera, se celebró un banquete en su honor. El anuncio del acto decía en parte: «Al igual que hace trece años el pueblo alemán celebró una gloriosa victoria contra el enemigo hereditario de nuestra nación, hoy la ciencia alemana celebra un brillante triunfo sobre uno de los enemigos más amenazadores de la humanidad».

Pero entonces Koch y sus hermanos alemanes volvieron a verse superados, ya que Louis Pasteur no tardó en desarrollar una vacuna contra el cólera, con lo que empezó a parecer que los alemanes descubrían los agentes causantes de las enfermedades, pero solo los franceses descubrían el modo de curarlas. Aunque Koch también se hizo famoso, siempre sintió envidia del éxito de Pasteur en la producción de remedios. Y tal vez por eso, en el apogeo de su fama, Robert Koch abandonó su característico rigor intelectual y proclamó que había descubierto una cura para la tuberculosis.

A finales de la década de 1880, Koch comenzó a probar un posible tratamiento para la tuberculosis utilizando una sustancia que había obtenido de la bacteria. Comenzó con animales (Koch fue, en esencia, quien ideó el concepto de utilizar ratones blancos para los experimentos), pero pronto decidió que su agente curativo era seguro para probarlo en humanos. Inyectó el líquido marrón translúcido, conocido como «suero de Koch» o tuberculina, a cuatro sujetos iniciales: él mismo, su amante Hedwig y dos asistentes.

Todos enfermaron a las pocas horas de la inyección, con fiebre y «escalofríos de una violencia insólita». Pero luego, tras menos de un día de enfermedad, mejoraron y se recuperaron por completo. Era algo parecido al funcionamiento de las vacunas contra el ántrax y el cólera de Pasteur: se expone al organismo a una versión relativamente inocua de un patógeno, se produce una respuesta inmunitaria y, a partir de entonces, se está inmunizado contra la enfermedad. A Koch le pareció que el cuerpo había logrado la misma «cura de la fiebre».

Pero Koch fue aún más lejos. Cuando inyectó el suero a pacientes con tuberculosis, observó que parte del tejido plagado de tubérculos parecía morir. Afirmó que su suero no solo protegía contra la infección de tuberculosis, sino que también curaba la enfermedad en quienes ya la padecían.

Cuando Koch comenzó a difundir la noticia de su remedio, el mundo entero tomó nota. En vista de la eficacia de los sueros de Pasteur para prevenir el ántrax y el cólera, al público le pareció lógico que el suero de Koch también funcionara, sobre todo, teniendo en cuenta la reputación de Koch por su cuidado y precisión en las investigaciones. Así, miles de pacientes con tuberculosis viajaron a Berlín para recibir la cura de Koch. Muchos estaban gravemente enfermos y morían en vagones de tren, habitaciones de hotel o en la calle mientras esperaban el remedio.

A principios de 1891, la noticia del suero de Koch llegó a Gran Bretaña en un suplemento especial insólito del *British Medical Journal.* En la costa sur de Inglaterra, otro médico de pueblo con grandes ambiciones abrió un día su correo y comenzó a leer la información sobre esta sustancia asombrosa. El joven médico leyó que Koch había descubierto «un remedio que confería a los animales con los que se experimentaba inmunidad contra la inoculación del bacilo de la tuberculosis y que detenía la enfermedad tuberculosa».

La idea era tan emocionante, escribió más tarde el médico, que «de repente, sentí una necesidad imperiosa de ir a Berlín. No podía explicarlo con claridad, pero era un impulso irresistible y decidí partir de inmediato». Así que ese mismo día, el doctor Arthur Conan Doyle salió de su consulta, hizo las maletas y emprendió viaje hacia Berlín. Conan Doyle se convertiría no solo en uno de los novelistas más famosos del mundo, sino también en el hombre que ayudó a reventar la «burbuja engañosa» de la cura de Koch.

* * *

Vale la pena intentar imaginar lo emocionante y aterrador que fue el surgimiento de la teoría de los gérmenes como causa de las enfermedades. Como dijo Louis Pasteur: «Si bien es aterrador pensar que la vida puede estar a merced de la multiplicación de esas criaturas infinitesimales, también es un consuelo esperar que la ciencia no permanezca siempre impotente ante tales enemigos». Pasteur reconocía el miedo que sentían muchos: es realmente digno de una película de terror saber que hay organismos invisibles retorciéndose en nuestro interior y nuestra superficie, multiplicándose hasta ser miles de millones, apoderarse de nuestro cuerpo y enfermarnos o matarnos. Pero también veía la esperanza que acompaña a una mejor comprensión.

Aun así, la teoría de los gérmenes dio paso a un mundo muy diferente. Habíamos imaginado que, al haber minimizado las muertes causadas por leones, osos y otros depredadores, nos habíamos «civilizado», una especie dramáticamente superior a todas las demás, la superpotencia de un mundo de seres vivos inferiores. Como escribiría más tarde Conan Doyle sobre *M. tuberculosis:* «¡Qué microbio tan infernal! [...] Qué absurdo que para nosotros, que somos capaces de matar al tigre, sea un reto enfrentarnos a este pequeño átomo ponzoñoso».

* * *

Debo reconocer, supongo, que una de las razones por las que me interesa la tuberculosis es que tengo un trastorno obsesivo-compulsivo, y mis preocupaciones obsesivas particulares tienden a girar en torno a los microbios y las enfermedades. Antes de la teoría de los gérmenes, no sabíamos que, en realidad, alrededor de la mitad de las células del cuerpo no pertenecen al cuerpo, sino que son bacterias y otros organismos microscópicos que me colonizan. Y, en mayor o menor medida, estos microorganismos también pueden *controlar* el cuerpo, moldeando su contorno al hacerle ganar o perder peso, enfermándolo o matándolo. Incluso hay pruebas que apuntan a que el microbioma de las personas puede tener una relación con el propio pensamiento a través del eje nervioso intestino-cerebro, lo que significa que como mínimo algunos de mis pensamientos pueden tener su origen no en mí, sino en los microorganismos de mi aparato digestivo. Algunas investigaciones indican que ciertos microbiomas intestinales están asociados con la depresión grave y los trastornos de ansiedad; de hecho, es posible que mi microbioma particular sea, al menos en parte, responsable de mi TOC, lo que significa que los microbios son el motivo por el que les tengo tanto miedo.[19]

Imagino que si hubiera vivido en 1800, habría padecido TOC igualmente, pero no habría temido las infecciones microbianas, porque nos eran desconocidas. Hoy, sin embargo, tengo la sensación de que los microorganismos están en todas partes: en las teclas de mi teclado mientras escribo, en la piel, en la boca. Los microbios desafían mi propia comprensión de mí mismo: ¿qué soy «yo», al fin y al cabo, si la mitad de mí no soy yo, y la mitad de mí que no soy yo dicta algunos de «mis» pensamientos y sentimientos? ¿Qué significa ser una persona cuya conciencia, cuyo amor, anhelos y miedos pueden verse extinguidos por un exceso de proliferación de bacterias que no aman, no anhelan ni temen? ¡Qué absurdo que pueda matarme un pequeño átomo ponzoñoso!

* * *

Cuando el joven doctor Arthur Conan Doyle llegó a Berlín, pidió ver al doctor Koch y, al resultarle imposible, se plantó en la puerta de su casa. Un mayordomo lo invitó a pasar al vestíbulo, pero Conan Doyle acabó marchándose sin conocer al gran médico alemán. En su lugar, Conan Doyle recorrió Berlín tratando de comprender la naturaleza del misterioso suero y sus efectos en el organismo. Lo que descubrió era muy diferente de la cura que prometía Koch. «No cabe duda de

[19] Ciertos microbiomas también están relacionados con el deseo del cuerpo humano de consumir determinados alimentos, lo que significa que cuando te apetece comer hidratos de carbono, proteínas o cualquier otra cosa, puede que en realidad sean tus bacterias las que tengan hambre de dichos nutrientes.

que nuestro conocimiento [del suero] sigue siendo muy incompleto». Conan Doyle observó que, aunque la tuberculina, desde luego, producía un efecto aparente en los pacientes con tuberculosis, dicho efecto no parecía curativo. En cambio, el suero mataba ostensiblemente el tejido infectado sin eliminar la bacteria en sí. «Es como si un hombre que tuviera la casa infestada de ratas eliminara las huellas de los animales cada mañana y esperara librarse así de ellas», escribió. Dicho de otro modo: la tuberculina se dedicaba a barrer los excrementos de las ratas, no a matarlas.

René y Jean Dubos escribirían más tarde que el ensayo de Conan Doyle era «tan inteligente y perspicaz que desde entonces se ha añadido poco de importancia a su análisis del tema». Conan Doyle se dio cuenta de inmediato de algo que Koch no había visto: que el suero de tuberculina provocaba una fuerte respuesta inmunitaria en las personas infectadas por la tuberculosis, pero que dicha respuesta no mejoraba la capacidad del organismo para combatir la enfermedad, sino que la tuberculina a menudo *agravaba* la tuberculosis de los pacientes, en lugar de aliviarla. Tampoco funcionaba como vacuna: la tuberculina provoca una respuesta inmunitaria en personas que han sido infectadas previamente por la tuberculosis, pero no previene la infección.

Sin embargo, Conan Doyle se dio cuenta de que esa faceta concreta de la tuberculina podía ser útil como herramienta de salud pública: dado que el suero solo provocaba respuestas inmunitarias en personas que ya estuvieran infectadas por la tuberculosis, podía utilizarse para diagnosticar la infección tuberculosa. El motivo por el que el doctor Koch, su amante y sus dos ayudantes de laboratorio enfermaron tras inyectarse tuberculina era que los cuatro ya estaban infectados por la tuberculosis. (De hecho, casi toda la población del norte de Europa del siglo XIX lo estaba.) Como hemos visto, alrededor del 90% de las personas infectadas con tuberculosis nunca enferman, porque el cuerpo logra aislar la tuberculosis en tubérculos. Pero la exposición a la tuberculina provoca una respuesta inmunitaria incluso en infecciones asintomáticas. Aunque la tuberculina no puede tratar la tuberculosis, puede identificarla, porque solo las personas infectadas con *M. tuberculosis* presentan respuesta inmunitaria a la tuberculina.

Así pues, la tuberculina acabó siendo útil: se pueden inyectar pequeñas dosis en la parte superficial de la piel para ver si se produce una ampolla en el lugar de la inyección, lo que indica que las células inmunitarias del organismo reconocen la bacteria de la tuberculosis porque la han visto antes. Las pruebas cutáneas de tuberculina no pueden determinar de forma fiable si alguien tiene la enfermedad activa o qué tratamientos se precisan para una infección concreta, pero son una herramienta de detección útil, sobre todo, en países donde la infección por tuberculosis es relativamente rara.

Sin embargo, debido a que Koch se precipitó al prometer no una prueba, sino una cura, miles de personas murieron en Berlín y en todo el mundo al tomar el suero de Koch. Como escriben René y Jean Dubos, «pronto se hizo evidente que la tuberculina mataba a muchos más pacientes de los que ayudaba». Koch acabó desacreditado y le costó mucho rehacer su reputación, en gran medida, porque se empecinó en que su cura lo era de verdad. Conan Doyle regresó a Inglaterra y, cuando aún no habían transcurrido diez años, publicó su primera historia de Sherlock Holmes, sobre un detective que utiliza el raciocinio y las pruebas para llegar a conclusiones rigurosas sobre las causas de la muerte, lo que significa que la profesión de Holmes no estaba tan lejos de la de su autor.

11

ANSIEDAD Y ESPERANZA

Pronto se comprendió que la tuberculosis se propagaba principalmente a través del aire y mediante la tos y la saliva infectadas, pero que también se podía contraer a través de la leche contaminada con tuberculosis bovina, entre otras vías. Muchos teorizaron que otras vías habituales de transmisión podían ser la inhalación de polvo que contuviera la bacteria de la tuberculosis, o bien las picaduras de insectos que propagaban los gérmenes de los enfermos a los sanos.

La atención se centró primero en los tipos de lugares y entornos que parecían favorecer los brotes de tuberculosis: viviendas hacinadas, fábricas sucias, entornos plagados de moscas y el río de saliva de tabaco de mascar y otros productos que escupía el público. Charles Dickens observó que Estados Unidos era «un país de escupidores». La gente escupía en los tranvías y en las aceras, en el suelo de los restaurantes e incluso en sus casas. Muchas iniciativas de salud pública se centraron en combatir o incluso prohibir a la gente que escupiera (escupir en público sigue siendo ilegal en muchas poblaciones estadounidenses), lo que probablemente tuvo algún efecto en las tasas de contagio. El movimiento para convencer a la gente de que se cubriera la boca con un pañuelo o, en su defecto, con la mano al toser y estornudar, evitó una transmisión aún mayor de la tuberculosis (y otras enfermedades respiratorias). Las autoridades sanitarias también recomendaban no besar a los bebés, lo que tal vez redujo en parte el riesgo de infección, pero sin duda dio lugar a una magnífica serie de carteles del siglo XX.

La búsqueda de espacios seguros e higiénicos afectó todos los aspectos de la vida a principios del siglo XX. Los libros de las bibliotecas se desinfectaban con frecuencia para evitar que la tuberculosis y otras enfermedades infecciosas se propagaran de un hogar a otro a través de la lectura. Las calles se regaban con agua antes de barrerlas para evitar que los gérmenes invisibles contenidos en las partículas de polvo se propagaran a los barrenderos y luego a sus hogares y vecindarios.

Otro de los principales objetivos de las iniciativas de salud pública era la mosca doméstica. Algo de lo más común en los barrios marginales y las fábricas, donde las tasas de tuberculosis eran especialmente altas, las moscas se convirtieron en un insecto odiado y temido, ya que se creía que transmitían *M. tuberculosis* «de la saliva del tuberculoso a la tetina del biberón, del bote de basura a los labios del niño dormido y del cadáver a la fruta fresca», como decía un artículo de 1910. Se animaba a la gente a colocar mosquiteras en todas las ventanas y porches, y a cubrir la comida para evitar que las moscas se posaran en ella. Pero, aunque las moscas domésticas pueden transmitir muchas enfermedades entre los seres humanos, la tuberculosis no es una de ellas y, en cualquier caso, es muy improbable que las moscas domésticas te enfermen. Como dijo recientemente un bacteriólogo: «La única forma de que te causen problemas es que te las comas».

La gente también estaba obsesionada con la suciedad, el polvo y los lugares del cuerpo donde podían alojarse los gérmenes. Esto volvió a cambiar la moda, el aseo personal y los hábitos sociales. «No hay forma de calcular el número de bacterias y gérmenes nocivos que pueden acechar en las frondas amazónicas de un bigote poblado, pero deben ser legión», argumentaba el doctor Edwin F. Bowers en un artículo de revista de 1916 titulado «La amenaza del bigote». El miedo a que los gérmenes de la tuberculosis se alojaran en las barbas dio lugar a lo que la revista *Harper's Weekly* denominó «la rebelión contra la barba», que marcó el inicio de una era de afeitados apurados. En el caso de las mujeres, las faldas se acortaron por miedo a que los vestidos largos pudieran recoger gérmenes de tuberculosis del suelo sucio. Pero, como señala Nicole Rudolph en *Sins against Our Soles*, «la higiene implicaba mucho más que la simple salud del cuerpo». La higiene seguía siendo una excusa para tratar la moda como el malo de la historia. No se podía llevar la falda demasiado larga, para no correr el riesgo de arrastrar microbios de tuberculosis al hogar. Pero tampoco se podía llevar la falda muy corta, porque la mujer se podía resfriar, lo que se creía que era una causa de tuberculosis. En resumen, ninguna moda era buena a menos que la calificara de higiénica la clase médica patriarcal. Y la higiene moral —estar limpio no solo de cuerpo, sino también de pensamiento y obra— seguía considerándose esencial para controlar la tuberculosis. No se podía beber en exceso ni caer en ningún otro vicio sin correr el riesgo de contraer tuberculosis.

* * *

Sobre su estancia en Lakka, Henry escribió en sus memorias: «Cada mañana, al amanecer, las enfermeras llegaban con una bandeja de medicamentos, un amargo recordatorio de la batalla interior. Estas pastillas, cada una con sus efectos secundarios, las ingería con una mezcla de ansiedad y esperanza». En los días previos al desarrollo de medicamentos contra la tuberculosis, no había bandejas de pastillas cada mañana, pero por lo demás la experiencia era bastante parecida. Había motivos para la esperanza incluso antes de que existieran curas: la gente se recuperaba de la tuberculosis, aunque no fuera lo habitual, por lo que siempre cabía la posibilidad de sobrevivir. Si uno hacía todo lo correcto, vivía de forma higiénica en cuerpo y alma, hacía caso a los médicos y seguía sus recomendaciones habituales, entonces la tuberculosis no tenía por qué ser mortal.

Esa mezcla de ansiedad y esperanza, que sienten en lo más hondo de su ser todos los que caminan por las cañadas oscuras de las enfermedades graves, llevó a mucha gente a viajar en el siglo XIX y principios del XX. La idea de que viajar podía ser una cura de la tuberculosis existía mucho antes de Koch y su bacilo: casi dos mil años antes, el médico romano Galeno, uno de los más influyentes de la Antigüedad, recomendaba los «viajes por mar» como uno de los remedios para la tisis. Areteo de Capadocia recomendaba viajar a lo que hoy es Turquía, donde el tiempo pasado entre los famosos cipreses del dios Apolo podía curar a los «débiles de pulmón». Dado que la tisis era una enfermedad de las ciudades, era lógico retirarse a lugares más tranquilos donde el aire fuera «limpio» o «puro».

Pero nadie se ponía de acuerdo sobre la definición de limpio o puro. ¿Debía uno viajar a la cima de una montaña, como los personajes de *La montaña mágica*, de Thomas Mann? ¿O mudarse al bosque, a la costa o al desierto? ¿Debía uno vivir al aire libre o en interiores? ¿Necesitaban los pulmones la luz del sol para recuperarse o solo aire puro? ¿Era preciso que el aire además fuera seco?

Cada médico y cada comunidad respondían a estas preguntas de manera diferente a medida que el concepto de sanatorio se extendía por todo el mundo a principios del siglo xx. Necesitábamos instalaciones específicas para el tratamiento de los pacientes con tuberculosis, que sirvieran tanto para mejorar su salud personal como para romper las cadenas de exposición apartando a los tuberculosos de sus comunidades. Algunos sanatorios se construyeron en climas de montaña, como el de Asheville (Carolina del Norte), donde murió mi tío abuelo Stokes; otros, en desiertos o zonas rurales próximas a las ciudades. Se llegó a construir alguno en las propias ciudades, aunque por lo general en las afueras.

El sanatorio se convirtió en un elemento habitual en Estados Unidos. Como escribe Sheila Rothman en *Living in the Shadow of Death*, «en 1900 funcionaban en Estados Unidos 34 sanatorios con 4 485 camas. Al cabo de veinticinco años, había 536 sanatorios con 673 338 camas». En el apogeo de los sanatorios, había casi tantas camas para tratar a los pacientes de tuberculosis como camas de hospital para todas las demás enfermedades juntas.

Se creía que el aire puro, el descanso y el sol «infundían esperanzas y valor renovados», como dijo alguien, por lo que los sanatorios se centraban en controlar el comportamiento de los pacientes y les exigían que permanecieran inmóviles y al aire libre siempre que fuera posible.[20] En Estados Unidos, se

[20] La butaca reclinable de listones de madera conocida como silla Adirondack, muy conocida en Estados Unidos, se inventó para los pacientes de tuberculosis, a los que permitía descansar al aire libre sin necesidad de sacar sus camas al exterior.

fundaron ciudades enteras por y para las personas con tuberculosis, como Pasadena (California) y Colorado Springs (Colorado). El sur de California se ganó fama de ser particularmente saludable, y decenas de miles de personas se trasladaron allí, una marea humana comparable con la fiebre del oro de California (1848-1855). Los enfermos de los «bofes» o *lungers*, en inglés, se establecieron en las ciudades del oeste y en los sanatorios que surgieron en ellas. Si los pacientes sobrevivían, a menudo se quedaban en sus nuevas ciudades y formaban familias, lo que remodeló la geografía de Estados Unidos.

* * *

Henry describió «una sensación de monotonía interminable» en Lakka, y en ese sentido se parecía a la vida en los sanatorios, que solía resultar de un aburrimiento insoportable para los pacientes. La misión de los «inválidos», como se conocía por lo general a los pacientes, era mejorar su salud. La palabra «inválido», por supuesto, describe la esencia misma de lo que significaba vivir con una enfermedad crónica: eras una persona al margen de la sociedad, no válida dentro del orden social, separada de tu familia y tu comunidad. Aunque convalecieras en casa, seguías estando alejado del ritmo de la vida cotidiana. Es posible que no tuvieras la energía o la salud necesarias para ir de compras o a misa o a visitar a la familia. Y para los que estaban en los sanatorios, la vida quedaba estrictamente limitada en aras de la higiene física y mental. A los enfermos se les acostumbraba a decir que se movieran muy poco y les recomendaban incluso que no escribieran cartas ni se peinaran. También les prohibían las emociones intensas, las bebidas alcohólicas y las relaciones sexuales, todas ellas excitantes que podían agravar la tuberculosis. Esto suponía permanecer inmóviles en camas o sillas, que se sacaban al aire libre siempre que fuera posible para que los inválidos pudieran disfrutar del sol y el aire puro. El aburrimiento es un tema recurrente en las memorias y las cartas de los pacientes con tuberculosis. Como escribió un paciente de un sanatorio: «En todo el día, no hago nada más que estar aquí tumbado mirando las montañas [...]. Ojalá las reordenaran un poquito». Pero los pacientes encontraban formas de distraerse, como siempre hacen los seres humanos. En las instituciones más grandes proliferaban los boletines y periódicos editados por los pacientes y, en algunos casos, incluso contaban con emisoras de radio dirigidas por ellos. Los chismes eran una fuente de conexión y emociones, sobre todo cuando se trataba de amoríos, que eran frecuentes y se producían a pesar de todos los intentos por controlarlos. A menudo se decía a los pacientes que los amoríos y los chismes eran perjudiciales para su salud, pero la mayoría de los enfermos no podían evitar ser, bueno... humanos.

A veces se indicaba a los familiares que no visitaran a los enfermos, no solo porque las visitas suponían un riesgo de propagación de la infección, sino también porque se consideraban nocivas. En un sanatorio, aconsejaban a los padres: «Recuerden que su hijo ha sido enviado al sanatorio porque está enfermo y necesita tratamiento; y si se quieren obtener los mejores resultados y que el niño se recupere lo antes posible, deben dejarlo a nuestro cuidado, sin interrupciones por parte de padres, familiares y amigos».

Rothman dice de un sanatorio que era «demasiado parecido a una cárcel para ser un hospital, y demasiado parecido a un hospital para ser una cárcel». Con el fin de maximizar las posibilidades de curación, un médico escribió: «La vida del paciente, hasta el más ínfimo detalle, la controla el médico supervisor y no se deja nada importante al criterio [del paciente]». Esto incluía qué comía, cuándo dormía, a quién veía e incluso en qué pensaba. No someterse a esta supervisión total equivalía a un suicidio. Como escribe Megan Vaughan en *Curing Their Ills*, «a los pacientes se les advertía a menudo que su destino dependía de que obedecieran las innumerables normas de la institución».

* * *

Muchos de estos pacientes eran niños, entre ellos Gale Perkins, que contrajo tuberculosis ósea cuando era pequeña, a mediados de los años treinta del siglo pasado, mientras vivía con su familia en Boston. Aunque Gale atribuyó su enfermedad a una persona con tuberculosis con la que compartió su hogar durante la infancia, los niños con tuberculosis ósea suelen contraerla por beber leche de vaca contaminada. En cualquier caso, los efectos de la tuberculosis ósea pueden resultar particularmente graves en los niños, ya que provocan un doloroso deterioro de los huesos, que, en el caso de Perkins, hizo que precisara tracción y yesos ortopédicos durante los doce largos años de su infancia que pasó en un sanatorio.[21]

Gale tenía solo tres años cuando llegó al sanatorio de Lakeville (Massachusetts) y, como a muchos pacientes, le dijeron que una actitud positiva y una adhesión absoluta al tratamiento que le indicara su médico eran esenciales para su sobrevivencia. Según recordaba, «la noche me daba miedo: la oscuridad comenzaba a invadirlo todo, luego el silencio. Los niños lloraban mientras llamaban a sus madres. Las enfermeras entraban y decían: "¡Silencio todo el mundo!"». (Aquí vemos otra conexión con la vida en Lakka un siglo más tarde para Henry,

[21] La eliminación del riesgo de tuberculosis bovina es una de las razones por las que comenzamos a pasteurizar la leche; sin duda, al doctor Koch le decepcionaría saber que a la leche resultante no la llamamos «leche kochizada».

quien escribió que por la noche «los pasillos del hospital parecían extenderse hasta el infinito».)

En muchas instituciones, estaba estrictamente prohibido llorar en público, porque eso perjudicaba la moral y, por lo tanto, las posibilidades generales de curación. Todo en la vida del sanatorio de Gale estaba orientado al control de los pacientes: se les decía cuándo (o si) podían leer y escribir, con qué frecuencia (o si) podían levantarse, con qué frecuencia (o si) podían recibir visitas, y un larguísimo etcétera. Los pacientes pasaban muchas horas al día curándose, lo que significaba estar sentados o tumbados completamente quietos, sin esforzarse ni siquiera para hablar o reír.

La pequeña Gale tenía poquísimas visitas y la castigaban a menudo por su mala actitud y comportamiento. Cada vez que se orinaba en la cama o lloraba en voz alta, la castigaban. «El castigo era el aislamiento —escribió—. Nadie podía hablar conmigo; no podía jugar con ninguno de mis juguetes; ponían una mampara alrededor de mi cama para que no pudiera ver a los demás niños». Esto sucedió cuando solo tenía cuatro años.

Encontró la salvación en su mejor amiga Angie, hija de inmigrantes griegos. Les encantaba ser amigas porque eso les permitía celebrar dos veces la Pascua: la católica de Gale y la griega ortodoxa de Angie. Mientras que Gale solía tener problemas por hablar o agitarse en la cama cuando se suponía que debía permanecer inmóvil y en silencio «curándose», Angie era la paciente perfecta. «Leía su devocionario todos los días a primera hora de la mañana y por la noche. También me decía que rezaba por mí, para ayudarme a no tener problemas», recuerda Gale. Angie estaba decidida a recuperarse y salir del hospital, en parte para poder reunirse con su hermana Pauline, que le escribía cartas con frecuencia, y con su padre, que le entregaba puntualmente esas cartas durante sus visitas semanales.

* * *

Un día, la joven Gale oyó por casualidad un terrible secreto sobre su mejor amiga Angie: la hermana de Angie, Pauline, la que le escribía cada semana, en realidad, había fallecido de tuberculosis. «Pero su padre no quería que ella se enterara», recordaba Gale, porque podría causarle una conmoción que se consideraba peligrosa para una paciente con tuberculosis. Así que, para animar a la hija que aún le quedaba, el padre le escribía cartas imitando la letra y el estilo de la hija que había perdido.

Como le habían dicho que los pacientes no podían recibir malas noticias sin poner en riesgo su salud, Gale nunca le reveló a Angie que su hermana había fallecido. Pero no importaba. «Vi que llevaban una camilla con un cuerpo al depósito de cadáveres. Supe de inmediato que era mi mejor amiga Angie». Gale tenía ocho años.

* * *

De todas las historias desgarradoras que he leído sobre la tuberculosis, quizás ninguna me ha marcado tanto como la imagen de un padre que intenta escribir con la letra de su hija fallecida a su hija aún viva, con la esperanza de que no se derrumbe al conocer la verdad. En el padre de Angie vemos la humanidad de las personas cuyas vidas quedaron destrozadas por la tuberculosis, una humanidad que con demasiada frecuencia se niega o se minimiza mediante el estigma o la idealización. Era solo un padre que intentaba hacer lo correcto por sus dos hijas y, cuando no pudo, intentó hacerlo por una de ellas.

Esto me dice mucho sobre los componentes psicosociales de vivir con tuberculosis. A los pacientes se les decía que una buena higiene moral y física podía salvarlos. La enfermedad se conceptualizaba, como tantas otras enfermedades, como un problema moral: si no llevas tacones altos, no vives de forma antinatural en una ciudad, no bebes y no lloras por las noches cuando tienes cuatro años y extrañas a tu madre, sobrevivirás. Pero pacientes como Gale *sabían que eso era mentira.* Lo sabían porque veían morir a sus amistades. Esa discordancia hace aún más difícil «mantener una actitud positiva», que se convirtió en la estrategia de tratamiento para la tuberculosis por excelencia, al igual que hoy en día se utiliza como estrategia de tratamiento por excelencia para enfermedades que son curables a veces, pero no siempre, como el cáncer.

La experiencia de Angie y Gale también nos recuerda otro aspecto de la vida en los sanatorios: el control. Al paciente —una palabra que adquiere nuevos matices cuando se tiene en cuenta que muchos sobrevivientes de la tuberculosis vivieron en sanatorios durante años o décadas— había que mimarlo, pero sobre todo había que controlarlo, limitándole estrictamente todos los movimientos, elecciones y el acceso a la información. En Estados Unidos, todavía se utiliza a menudo la expresión «*control* de la tuberculosis» en los departamentos de salud pública, mientras que para enfermedades como el cáncer se tiende más a utilizar la expresión «atención oncológica». La dinámica de «control, primero, y atención, después», como la definió el médico y antropólogo Paul Farmer, se observa en muchas enfermedades infecciosas.[22]

---

[22] Es fundamental controlar los brotes de enfermedades infecciosas, pero esos esfuerzos pueden ser contraproducentes si se sacrifican aspectos de la atención sanitaria en aras del control. Por ejemplo, muchos sobrevivientes de la tuberculosis me han descrito el proceso deshumanizador de entrega de su tratamiento. Más de uno me ha contado que les decían que se pusieran en un rincón y luego les tiraban los medicamentos desde el otro extremo porque los trabajadores sanitarios tenían pánico a la tuberculosis. Sin embargo, con el uso adecuado de cubrebocas y controles de infección,

* * *

Finalmente, al llegar a la adolescencia, Gale pudo ir a casa más a menudo, pero la enfermedad y sus miedos la persiguieron incluso después de recibir estreptomicina, el primer fármaco sintetizado para el tratamiento de la tuberculosis, a finales de los años cuarenta. En palabras de otro residente infantil del sanatorio: «Había tal estigma asociado a la tuberculosis que las personas que la padecían intentaban ocultarla para evitar los prejuicios y la hostilidad». A muchos les ordenaban que dijeran a sus amigos y familiares que los habían hospitalizado no por tuberculosis, sino por polio, aunque, por supuesto, la polio también era una enfermedad infecciosa, pero estaba menos estigmatizada que la tuberculosis.

Gale sobrevivió. Se casó, tuvo tres hijos y dirigió la unidad de terapia ocupacional de un pequeño hospital. También pudo dedicarse a la pasión que descubrió en el sanatorio de Lakeside, cuando intentaba animar a los otros niños con tuberculosis haciendo muecas: se hizo payasa.

* * *

Al pensar en Gale, me acuerdo mucho de Henry, que también soportó tantas noches de soledad, que también vio morir a amigos, que también hacía muecas para animar a los demás

---

el riesgo para los trabajadores sanitarios es muy bajo si entregan los medicamentos en mano a las personas que viven con tuberculosis. Este tipo de trato humano básico contribuye en gran medida a que las personas con tuberculosis completen sus tratamientos, lo que significa que, paradójicamente, el tratamiento centrado en la atención personal suele ser más eficaz a la hora de controlar la enfermedad que el tratamiento centrado en el control en sí.

pacientes y cuyos movimientos y decisiones también estaban controlados por un sistema de salud pública que se resistía a confiar en los pacientes con tuberculosis.

Muchos pacientes se recuperaban en los sanatorios —el descanso y una nutrición adecuada son mejores para el cuerpo que la desnutrición y el estrés—, pero las tasas de recuperación no parece que fueran mucho más altas en los sanatorios que entre los que vivían en sus casas. No obstante, alejar a millones de enfermos de sus hogares redujo la propagación de la enfermedad dentro de las familias y, junto con una mejor nutrición general y viviendas más seguras, las tasas de tuberculosis disminuyeron a nivel mundial en la primera mitad del siglo XX. En Estados Unidos y otros países ricos, la tasa de descenso fue vertiginosa: entre 1882 y 1930, cuando mi tío abuelo murió de tuberculosis, la mortalidad general por esta enfermedad en Estados Unidos se redujo en torno a un 80 por ciento.

Pero esas mejoras no se distribuyeron de manera uniforme entre la población estadounidense: las disminuciones entre los afroamericanos y los sinoestadounidenses fueron mucho menores, y entre los indígenas, la disminución fue ínfima. Y, para todos, la tuberculosis seguía siendo fundamentalmente incurable.

12

LA CURA

En las décadas posteriores al descubrimiento del bacilo de Koch, se produjeron pequeñas mejoras. La mejora de los diagnósticos permitió identificar y tratar la enfermedad antes, especialmente, cuando las placas o radiografías de tórax se convirtieron en una herramienta de diagnóstico.

Las radiografías permitían detectar indicios de la enfermedad antes de que se manifestaran los síntomas. En los años treinta del siglo XX, existían diversas formas de «ver» el interior del cuerpo humano: el estetoscopio permitía escuchar el corazón y los pulmones; la cirugía, aunque seguía siendo peligrosa, era menos mortal gracias a los antisépticos. Pero la radiografía era diferente, porque revelaba el interior del cuerpo sin necesidad de abrirlo. La piel ya no ocultaba el interior del cuerpo.

El doctor Alan Hart fue uno de los pioneros en el uso de las radiografías de tórax para diagnosticar la tuberculosis. Hart estaba casado con una mujer y ejercía la medicina en San Francisco en 1918 cuando un excolega suyo reveló que era un hombre transgénero. El doctor Hart fue expulsado de la ciudad a raíz de titulares como «Una chica se hace pasar por médico en un hospital» (por supuesto, no se estaba haciendo pasar por nada: era médico) y pasó gran parte de su vida trasladándose de ciudad en ciudad para escapar de diversas formas de transfobia. Además de médico, Hart era novelista y escribió lo siguiente sobre uno de sus personajes: «Si de lo que se trataba era de correr más deprisa que los rumores, se dio cuenta de que no podía», lo que coincide con la experiencia de Hart: se mudó siete veces en nueve años de un lado a otro de Estados Unidos en busca de una seguridad que le resultaba siempre efímera. Sin embargo, consiguió un posgrado en Radiología y ayudó a demostrar que las radiografías de tórax podían revelar indicios muy tempranos de tuberculosis, lo que permitía a los pacientes descansar y recibir una nutrición adecuada antes y, por lo tanto, conseguir mejores resultados en su tratamiento. Las radiografías de tórax siguen siendo una herramienta de diagnóstico esencial; los aparatos de rayos X de tórax móviles que se pueden transportar en una mochila ahora prestan servicio a las comunidades rurales, por lo que la popularización de este método de diagnóstico por parte de Hart sigue salvando vidas.[23]

Pero, incluso con mejores diagnósticos, resultaba difícil encontrar tratamientos eficaces. Una intervención popular consistía en colapsar a propósito el pulmón para que pudiera «descansar», lo que tenía efectos positivos, pero escasos.[24] Las

[23] Hart acabó mudándose a Connecticut, donde recaudó fondos para los pacientes de tuberculosis que no podían permitirse el tratamiento y trabajó como funcionario de salud pública. Él y su esposa, profesora de la Universidad de Hartford, vivieron en Connecticut durante los quince últimos años de vida de Hart, antes de que falleciera en 1962 a la edad de setenta y uno.

[24] Los tenía en un solo aspecto: *Mycobacterium tuberculosis* es una bacteria aerobia, por lo que le encanta el oxígeno, y el colapso de un pulmón privaba de oxígeno a las bacterias del mismo, lo que dificultaba su sobrevivencia. Además, la terapia de colapso probablemente evitó algunas muertes por tuberculosis que se habrían producido debido a una hemorragia masiva, ya que cuando el pulmón se colapsa, los vasos no sangran tanto.

principales estrategias para curar la tuberculosis seguían siendo el descanso, los viajes y una nutrición adecuada, todas ellas promovidas durante miles de años.

Las estrategias de prevención experimentaron un progreso más rápido. El fenómeno generalizado de las vacas que infectaban a los seres humanos con tuberculosis disminuyó con la llegada de las pruebas basadas en la tuberculina para los rebaños de vacas, junto con la pasteurización de la leche. Y lo más importante, gracias en parte a esas vacas, surgió una vacuna. La vacuna del bacilo de Calmette-Guérin, o BCG, debe su nombre a los médicos franceses que la desarrollaron, tras plantear la hipótesis de que, al igual que la exposición al virus de la viruela bovina inmunizaba a los humanos contra la viruela, la exposición a la bacteria atenuada de la tuberculosis bovina podría inmunizar a los humanos contra la tuberculosis. Los investigadores, finalmente, dieron con una cepa de tuberculosis bovina mucho menos virulenta, que cultivaron en un medio que mezclaba papas con bilis de vacuno. Esa cepa se convirtió en la base de la vacuna BCG, que se puso a disposición del público en 1921.

Al cabo de más de un siglo, la BCG sigue siendo nuestra única vacuna contra la tuberculosis, aunque en 2024 había por fin otras candidatas prometedoras en fase de desarrollo. La eficacia de la BCG es una de las cuestiones más polémicas en todo el ámbito de la salud pública, pero existe consenso en lo siguiente:

1. La BCG es eficaz para prevenir la enfermedad grave en los niños, sobre todo en los menores de cinco años.
2. La BCG no es particularmente eficaz, y puede que no lo sea en absoluto, a la hora de prevenir la infección, la enfermedad grave o la muerte de adolescentes o adultos. Aunque la vacuna se administre varias veces, no parece

que tenga una gran eficacia preventiva de la enfermedad entre la mayoría de los adultos y adolescentes.

3. Por razones que no alcanzamos a comprender, su eficacia parece disminuir a medida que nos acercamos a latitudes ecuatoriales.

Hoy en día, es habitual recibir la vacuna BCG en la infancia si se nace en un país con altas tasas de tuberculosis —la mayoría de los niños de Sierra Leona la reciben, por ejemplo— y, dado que previene muchas muertes infantiles, es una herramienta importante para la prevención. Pero la vacuna nunca ha podido, ni podrá, detener la tuberculosis por sí sola.

* * *

Un artículo sobre la tuberculosis pulmonar de 1941 proclamaba: «El sueño de la cura parece que tardará mucho en hacerse realidad». Pero lo cierto es que solo faltaban unos años para encontrar esa cura, lo que nos recuerda que no se puede prever el futuro.

Acostumbramos a resolver los problemas a los que prestamos más atención, y en 1941 prestamos mucha atención a la tuberculosis. Era la principal causa infecciosa de muerte y discapacidad en el mundo, y en los sanatorios vivían millones de personas. Todavía en los años cuarenta, la tuberculosis y su contagio seguían siendo comunes: entre los sobrevivientes de la tuberculosis del siglo XX figuran el *beatle* Ringo Starr (que fue ingresado con tuberculosis cuando era adolescente), el novelista George Orwell (que murió de tuberculosis en 1950, justo cuando empezaban a existir los tratamientos curativos), el escritor estadounidense Thomas Wolfe (que murió de meningitis tuberculosa en 1938) y la actriz Vivian Leigh (que vivió con tuberculosis durante más de veinticinco años).

Hasta 1941, solo alrededor de una cuarta parte de los pacientes con tuberculosis tenían esperanzas razonables de recuperarse. En el caso de esta afortunada minoría, su sistema inmunológico acababa encontrando la manera de restablecer el equilibrio entre el cuerpo y la enfermedad, aislando las bacterias en tubérculos y permitiendo que el paciente siguiera con vida. Un pequeño porcentaje viviría con la enfermedad como inválidos, sin recuperarse del todo, pero sin morir por ella; estas personas vivían en un limbo hasta que acababan muriendo por otra causa, a menudo agravada por décadas de lucha contra su enfermedad crónica. Pero más de la mitad de los pacientes con tuberculosis activa morían de esta enfermedad, por muy puro que fuera el aire que respiraban o por inmóviles que permanecieran mientras lo respiraban.

Y un día, de repente, la tuberculosis se convirtió en una enfermedad tratable y, luego, en una enfermedad curable. A primera vista, puede parecer un capricho de la historia que surgieran varios fármacos eficaces contra la tuberculosis en los años cuarenta y cincuenta del siglo pasado. Pero, en realidad, todos estos fármacos eran el fruto de décadas de investigación sobre las bacterias y sobre cómo eliminarlas. Ya a finales del siglo XIX y principios del XX, los investigadores habían empezado a fijarse cada vez más en los hongos que eliminaban los microbios y en compuestos también antimicrobianos. En Suecia, al doctor Jürgen Lehmann le llamó la atención un artículo que indicaba que exponer la tuberculosis a la aspirina hacía que *M. tuberculosis* absorbiera más oxígeno; planteó la hipótesis de que un compuesto ácido distinto pudiera inhibir la proliferación de la bacteria al ralentizar su metabolismo. La hipótesis resultó acertada, y el compuesto en cuestión, el ácido paraaminosalicílico (más conocido por el acrónimo PAS), demostró una gran eficacia como inhibidor de la proliferación de la bacteria de la tuberculosis.

Mientras tanto, unos estudiantes de posgrado de la Universidad de Rutgers, entre los que se encontraban Albert Schatz y Elizabeth Bugie, aislaron un antibiótico conocido como estreptomicina y publicaron sus hallazgos a principios de 1944. Un año más tarde, los soldados estadounidenses con infecciones graves comenzaron a recibir el medicamento. El primer paciente murió. El segundo sobrevivió, pero quedó ciego (un efecto secundario esporádico del medicamento). El tercer paciente era un joven oficial del ejército gravemente enfermo llamado Bob Dole, que sobreviviría y llegaría a ser senador de los Estados Unidos, candidato republicano a la presidencia y célebre propagandista del viagra.

En Massachusetts, Gale Perkins comenzó a recibir estreptomicina a finales de los años cuarenta, cuando tenía dieciséis, y al fin pudo abandonar para siempre el sanatorio en el que había vivido desde los tres años. En todos los lugares donde aparecieron estos fármacos, las tasas de mortalidad por tuberculosis se redujeron drásticamente: en el Reino Unido, las tasas de mortalidad por tuberculosis cayeron en un 90% en la década siguiente a la introducción de la estreptomicina.

Como complemento de la estreptomicina, la isoniazida, un medicamento que ya existía, también demostró ser de una gran eficacia contra la tuberculosis. En 1952, se constató que otro medicamento que ya existía, la pirazinamida, mataba las bacterias de la tuberculosis.

Pronto, los médicos comenzaron a experimentar con combinaciones de estos fármacos para curar la tuberculosis y, a mediados de los años cincuenta, se probó y aprobó una terapia combinada que incluía los tres fármacos. Para gran parte de las personas infectadas, la tuberculosis pasó a ser curable. Es difícil exagerar el impacto transformador de estos fármacos en el tratamiento de la tuberculosis: incluso hoy en día, tanto la isoniazida como la pirazinamida forman parte del protocolo de tratamiento de primera línea RIPE.

A finales de los años cincuenta, la enfermedad era curable en la gran mayoría de los casos. Los sanatorios, que solo una década antes estaban repletos de pacientes, se vaciaron en Estados Unidos y Europa. El descubrimiento de otros dos antibióticos, el etambutol en 1961 y la rifampicina en 1966, condujo a la aparición del protocolo RIPE, y no tardaron en proclamar que estaban a punto de erradicar la tuberculosis para siempre. La exhortación de Louis Pasteur de que «la ciencia no siempre permanecerá impotente ante semejantes enemigos» se había hecho realidad, y ahora solo era cuestión de tiempo que la tuberculosis dejara de ser un problema de salud pública.

Pero, como escribió la médica e investigadora Annik Rouillon en 1991, «en la larga historia de la tuberculosis en el ser humano, a la esperanza la sigue la desesperación, y se van alternando los triunfos y las tragedias». Una vez más, vemos el costo de los prejuicios humanos y cómo el precio de esos prejuicios lo pagan los más pobres y marginados entre nosotros. A pesar de que la tuberculosis se había vuelto curable, la cura no solía llegar a los lugares que más la necesitaban. En 1980, el protocolo de tratamiento RIPE llevaba décadas utilizándose en Estados Unidos y Europa occidental. Los esfuerzos por detectar casos y prevenir la enfermedad hicieron que las tasas de tuberculosis descendieran de forma tan drástica en los países ricos que la tuberculosis parecía lo que debería haber sido: historia.

Sin embargo, en docenas de países, el tratamiento no estaba disponible o solo llegaba a los pacientes de forma esporádica. Desde la India hasta Bolivia, pasando por Camboya y Etiopía, los países de ingresos bajos y medianos seguían teniendo tasas de mortalidad por tuberculosis más altas que las observadas en los Estados Unidos antes de la aparición de los antibióticos. En Etiopía, por ejemplo, las tasas de mortalidad por tuberculosis en 1990 se parecían a las de Estados Unidos en 1882, el año en que Robert Koch identificó el pequeño y venenoso átomo de *M. tuberculosis.* Era como si la cura no existiera, porque la enfermedad estaba donde no había cura, y la cura estaba donde no había enfermedad.

Estos fracasos se debieron en gran medida a que las comunidades ricas veían la tuberculosis a través del prisma del racismo y el colonialismo. Demasiado a menudo se daba por sentado que aplicar los protocolos RIPE en las comunidades pobres era imposible o desaconsejable porque, como dijo S. Lyle Cummins al comienzo de la época de los antibióticos, los «nativos africanos» tenían «una mentalidad y una actitud infantiles» que impedían confiar en que tomaran o administraran los medicamentos tal como estaba indicado.

13

DONDE NO HAY CURA

Hay muchas siglas en el mundo de la tuberculosis. A los expertos en la salud mundial, como en cualquier otro campo, les encanta recurrir a abreviaturas cuyo sentido resulte evidente para ellos e incomprensible para los neófitos. Desde BPaLM hasta GPTF, desde GDF hasta ERP, es muy probable que, si juntamos letras al azar, signifiquen algo en el contexto de la tuberculosis. Pero ningún acrónimo ha dejado una huella tan profunda en el campo como DOTS (tratamiento breve bajo observación directa, por sus siglas en inglés), un método para administrar medicamentos contra la tuberculosis a comunidades empobrecidas que se desarrolló por primera vez en los años setenta.

Menos de cincuenta años después de que Thomas Mann publicara la clásica novela sobre la tuberculosis *La montaña mágica*, la enfermedad —y los sanatorios que atendían a los enfermos— habían quedado ya relegados a la categoría de mero recuerdo en Europa. Sirva de ejemplo Suiza, donde tiene lugar *La montaña mágica*, y donde, en 1970, se produjeron menos de diez muertes por tuberculosis por cada cien mil habitantes.

Sin embargo, en muchos países de los países que habían sido colonias, de Vietnam a Sierra Leona y Belice, las tasas de tuberculosis seguían siendo muy elevadas, en parte debido a la pobreza y la malnutrición, que aumentan las probabilidades de que la tuberculosis se convierta en una enfermedad activa, y en parte porque la cura, tan difundida en Europa, Estados Unidos y otros países ricos, casi nunca estaba al alcance de las personas pobres que padecían tuberculosis.

En su libro *An Introduction to Global Healthcare Delivery*, la doctora Joia Mukherjee explica cómo, en los años posteriores a la independencia de las antiguas colonias, cuando el recién creado Banco Mundial ofreció préstamos a los países pobres, las políticas de la entidad financiera marcaron profundamente los sistemas de salud de esos países. Las restricciones sobre cuánto y cómo podían gastar los gobiernos provocaron una trágica infrafinanciación de los sistemas sanitarios y educativos. «A finales de los años ochenta —cuenta Mukherjee—, los presupuestos de sanidad de muchos países africanos y asiáticos eran inferiores a 5 dólares por persona y año».

* * *

Antes del DOTS, los esfuerzos por facilitar el acceso a la atención sanitaria de la tuberculosis en los países de ingresos bajos y medianos eran irregulares e inconstantes. Las existencias de medicamentos se agotaban con frecuencia, lo que resulta especialmente peligroso en el caso de la tuberculosis, ya que la interrupción del tratamiento puede provocar que la tuberculosis se vuelva farmacorresistente y, por lo tanto, mucho más difícil de curar. Pero a partir de los años setenta, el médico Karel Styblo, que había sobrevivido a la tuberculosis, comenzó a aplicar una estrategia, principalmente en Tanzania, para ofrecer un tratamiento sistemático a las personas que vivían con tuberculosis. Sus directrices eran las siguientes:

1. La tuberculosis se diagnostica mediante microscopía de frotis. Este método de diagnóstico, en esencia, idéntico al que utilizó Robert Koch para identificar por primera vez *M. tuberculosis* en 1882, consiste en buscar la bacteria en una muestra de esputo. La microscopía de frotis pasa por alto alrededor del 50% de los casos y es especialmente probable que pase por alto los casos en niños (de hecho, Henry dio negativo en el frotis cuando se le hizo la primera prueba de tuberculosis), pero es mucho menos cara que la radiografía de tórax, que es más sensible. La estrategia de Styblo sostenía que, al diagnosticar únicamente con microscopía de frotis, los sistemas de salud se centrarían en los pacientes más infecciosos y gravemente enfermos (que es más fácil que den positivo en la microscopía).
2. El tratamiento está muy estandarizado. Todo el mundo recibe el tratamiento RIPE (o muy parecido) durante un periodo de entre seis y nueve meses.
3. Mientras toman su medicamento, los pacientes están sometidos cada día a «observación directa» por alguien que no sea un pariente. Esto suele hacer que los pacientes tengan que acudir cada día a una clínica para recibir los fármacos y ser observados mientras toman las pastillas para garantizar que se cumple el tratamiento.
4. La presentación de informes estandarizados permite obtener mejores estadísticas sobre las tasas de curación, y el suministro ininterrumpido de fármacos evita el desabastecimiento.

Esta estrategia, que se conoce como DOTS, tenía por objetivo resolver múltiples problemas en el contexto de unos sistemas sanitarios de países pobres. Intentaba resolver los problemas de suministro y diagnóstico, estandarizando y economizando al máximo tanto el diagnóstico como el tratamiento, y minimizaba o prevenía el aumento de la farmacorresistencia al comprobar, mediante la observación directa, que las personas en tratamiento contra la tuberculosis tomaban su medicamento.

Solemos oír que uno de los principales factores que impulsan la farmacorresistencia es que los pacientes «no se toman las medicinas». Lo que se da en llamar «incumplimiento del paciente» es, en efecto, un factor clave que impulsa la resistencia a los antibióticos contra la tuberculosis. (La resistencia a los medicamentos que desarrolló Henry en su niñez, por ejemplo, seguramente se debió a la insistencia de su padre en que interrumpiera el tratamiento.) Por motivos varios, a muchos pacientes les cuesta completar sus largos tratamientos con antibióticos, lo que da a la infección más oportunidades de volverse resistente al tratamiento. Como me explicó una vez el médico etíope Girum B. Tefera: «Existen numerosos factores. Para empezar, que no se pueda acceder al diagnóstico o al tratamiento. Si el paciente tiene que desplazarse muchos kilómetros solo para que lo diagnostiquen y lo traten, le resulta muy caro. Tiene que encontrar sitio donde dormir. Tiene que conseguir dinero para un mototaxi. Esto dificulta que el paciente acuda al médico. Otro factor es el suministro irregular o con interrupciones frecuentes de los productos para tratar la tuberculosis, entre ellos, los medicamentos, lo que obliga a los pacientes a incumplir el tratamiento».

Por supuesto, este no es un problema exclusivo de la tuberculosis. Incluso con tratamientos antibióticos mucho más cortos, es habitual que no se complete la terapia. En Estados Unidos, más de una cuarta parte de todos los tratamientos antibióticos recetados no se completan. He conocido a pacientes con tuberculosis que dejaron de tomar o interrumpieron su tratamiento por múltiples razones. Una joven con la que hablé tenía diecinueve años cuando le diagnosticaron tuberculosis. Abandonó el tratamiento después de que su novio se mudara a una localidad vecina y ella lo siguiera. Otra paciente con la que hablé dejó las pastillas porque le sentaban muy mal cuando las tomaba en ayunas, y no tenía dinero para comida. Su médico le aconsejó que probara tomar las medicinas con agua con un poco de azúcar, pero, aun así, le dolía tanto el estómago después de tomarlas que le resultaba imposible. Otros padecían trastornos por consumo de sustancias que les dificultaban acudir a la clínica todos los días, no podían permitirse el transporte o se encontraban mejor y no querían seguir soportando los efectos secundarios.

Visité a un joven de Lakka que tenía dificultades para tomar sus medicamentos. Tenía poco más de veinte años y vestía una camiseta sucia, unos vaqueros cortos y sandalias. Sufría depresión profunda: apenas alzaba la voz y había perdido a muchos amigos y a su pareja sentimental cuando le diagnosticaron tuberculosis. Me dijo que tenía la sensación de que jamás volvería al mundo en el que había vivido; ahora, como dijo el intérprete, estaba «deshonrado».

Llevaba un cubrebocas sucio mal colocado por debajo de la nariz. Sus enormes ojos se le hundían en el rostro. Respondía a mis preguntas con una sola palabra siempre que podía: ¿Sigues viendo a tus amigos? *No.* Me imagino que debe de ser muy doloroso. *Sí.* Y para curarse de la tuberculosis, este hombre tenía que tomar medicamentos todos los días durante meses, medicamentos que hacían que se encontrara mal, que pueden provocar vómitos, visión borrosa e ictericia. Tienes que tomar estos medicamentos durante meses, aunque ya te encuentres mejor, y tiene que haber alguien observándote mientras los tomas, como si se fueras un preso.

Como ya se ha dicho antes, el incumplimiento del tratamiento por parte de los pacientes no solo afecta al ámbito de la tuberculosis. A menudo a mí también me ha costado mucho tomar los medicamentos que me mantienen con vida. Todos los días me tomo dos pastillas para tratar mi TOC y mi depresión, y en la última década he dejado de tomarlas varias veces, aunque entiendo intelectualmente que al hacerlo estoy poniendo mi vida en peligro. Así, mientras hablaba con este joven de Lakka, saqué el frasco de mis pastillas de la mochila y le expliqué que sencillamente no entiendo por qué me cuesta tanto tomarlas. Mi médico me lo pone fácil. No tengo que seguir un protocolo DOTS. No tengo que quedarme en un hospital ni ir a una clínica para recibir tratamiento; puedo recoger mis medicinas en la farmacia del barrio una vez al mes. Y, sin embargo, como le dije a este joven, a pesar de todo, me resulta muy difícil tomar mis medicinas. ¿Por qué?

La pregunta lo desconcertó un poco. Supuso que tal vez no me gustaban los efectos secundarios. Es cierto que no me gustan. Le dije que seguramente la estigmatización de mi enfermedad tenía algo que ver: tengo la sensación de ser farmacodependiente, como si no pudiera valerme por mí mismo, como se supone que debería ser. El chico me animó a pensar en mi familia y en mi futuro cuando tomara la medicina. Yo le animé a hacer lo mismo. A algunas personas, entre las que me incluyo, nos cuesta tomar medicamentos. No sé muy bien por qué. Pero no puedo culpar a los demás por no terminarse sus antibióticos cuando sé las veces que yo también he dejado de tomarme las pastillas.

* * *

En su influyente artículo «Social Scientists and the New Tuberculosis» («Los científicos sociales y la nueva tuberculosis»), el cofundador de la ONG Partners In Health, el doctor Paul Farmer, describió la historia de un paciente «incumplidor», un haitiano de diecinueve años llamado Robert que enfermó a principios de los años noventa. Tras serle diagnosticada tuberculosis, Robert inició el tratamiento, pero el hospital donde lo atendieron solo disponía de dos de los cuatro medicamentos aprobados para el DOTS que debía recibir. (Este era, y en algunos lugares sigue siendo, un problema del DOTS: decir que todos los medicamentos necesarios deben estar disponibles sin que se produzca desabastecimiento es más fácil que hacerlo realidad en países pobres como Haití.) Cada vez que iba al hospital, a Robert solo le daban la dosis para ese día, por lo que tenía que hacer a diario un viaje de dos horas en autobús al hospital y, por lo tanto, dejó de trabajar.

Después de varios meses, Robert comenzó a ir a pie cada día a un hospital mejor, donde disponían de tres de los cuatro medicamentos. Los medicamentos eran caros: la familia de Robert tuvo que vender más de la mitad de sus tierras para comprarlos. Pero los medicamentos tampoco eran suficientes, por lo que, cuatro años después de que aparecieran los primeros síntomas, Robert ingresó finalmente en un centro hospitalario de la capital de Haití, Puerto Príncipe. Allí recibió durante seis meses el coctel de cuatro medicamentos RIPE, pero a esas alturas su tuberculosis había mutado y se había vuelto resistente al tratamiento estándar. Aunque los antibióticos de segunda línea probablemente lo habrían curado, en ese momento no los tenían en el hospital. Robert acabó buscando atención médica en una clínica del centro de Haití que contaba con los medicamentos necesarios, pero para entonces ya estaba demasiado enfermo. Robert hizo todo lo que debía: desplazarse, con un costo y unas molestias considerables, hasta donde se encontraba la mejor atención médica disponible, pero aun así murió entre dolores terribles en diciembre de 1995, a la edad de veintiocho años.

Por eso, como ha escrito el historiador Christian McMillen, «las palabras "cumplimiento" y "adhesión", o cualquier otra palabra que se pueda utilizar, son demasiado limitadas. ¿Qué relación tiene el hecho de que un programa nacional contra la tuberculosis sea incapaz de llevar a cabo un seguimiento adecuado de los pacientes en tratamiento con el cumplimiento o la adhesión de dichos pacientes? Cuando un programa pierde a un gran porcentaje de sus pacientes, ¿se trata de un problema de cumplimiento o de vigilancia? ¿Es culpa de los o las pacientes cuando no pueden pagar la comida necesaria para saciar el hambre que les provocan los medicamentos?».

En términos más generales, ¿es culpa del paciente si está demasiado incapacitado por la depresión y el aislamiento como para continuar el tratamiento? ¿Es culpa del paciente si él o sus hijos pasan tanta hambre que se ven obligados a vender sus medicamentos para comprar comida? ¿Es culpa del paciente si sus condiciones de vida, los diagnósticos concomitantes, el trastorno por consumo de drogas, los efectos secundarios no controlados o el estigma social lo llevan a abandonar el tratamiento?

¿Por qué debemos ver lo que son claramente problemas sistémicos como fallos éticos del individuo? Muchos pacientes han descrito la experiencia de recibir sus medicamentos como humillante: es posible que les entreguen los medicamentos mientras les dicen que eso les pasa porque son sucios, pobres o inferiores.[25] Este no suele ser un entorno al que los

[25] Hay un pasaje del genial libro *Breathless*, de Andrew McDowell, que se me quedó grabado: después de que le pidieron que se quite la camisa para hacerle una radiografía, un paciente tose al desvestirse. «¡No tosa aquí! —le gritó el técnico—. Acaba de empezar el día y ya me están tosiendo encima». La incapacidad de este técnico para ver la humanidad de su paciente, sin siquiera dirigirse a él directamente, sino agrupándolo con todos los demás sobrevivientes de tuberculosis, es, por supuesto, comprensible.

pacientes estén deseando regresar y, sin embargo, por el motivo que sea, siempre parecemos culpar al paciente por el incumplimiento, en lugar de culpar a las estructuras del orden social que dificultan su cumplimiento.

El término «cumplimiento» en sí mismo revela lo que realmente se esconde detrás de todo esto, a saber, que los sistemas de distribución de recursos médicos ejercen el mismo tipo de control sobre los pacientes con tuberculosis en el siglo XXI que los sanatorios ejercían sobre los pacientes con tuberculosis en el siglo XX.

* * *

Quiero dejar claro que el DOTS ha salvado muchas vidas: la ONU calcula que desde 1995 se han salvado más de seis millones de vidas gracias a las personas que han recibido el DOTS. Es barato y eficaz, siempre y cuando se pertenezca al grupo afortunado que da positivo en microscopía de frotis, que no tiene tuberculosis farmacorresistente y que puede completar el tratamiento. Y, sin duda, supone una mejora con respecto a lo que había antes, porque antes del DOTS *no* existía una estrategia global integral para abordar la tuberculosis en los países pobres.

Sin embargo, los ensayos controlados aleatorios han demostrado que el tratamiento breve bajo observación directa no es más eficaz que dar a los pacientes sus pastillas para que se las tomen en casa en ciclos de dos semanas o un mes, siempre que los pacientes reciban el apoyo adecuado. El DOTS tampoco ha logrado abordar la creciente crisis de la tuberculosis

---

El técnico no quería correr el riesgo de contraer tuberculosis. Pero, por supuesto, el paciente tampoco quería toser, no quería estar enfermo, y no quería que le gritaran por estar enfermo.

farmacorresistente, y no ha identificado muchos casos de tuberculosis porque la microscopía de frotis es mucho menos sensible que las placas de tórax. Pero incluso en 2025, el DOTS sigue siendo la práctica habitual en gran parte del mundo.

Para muchas personas que viven con tuberculosis, el desplazamiento diario a una clínica resulta complicado o imposible, sobre todo, cuando se encuentran muy mal. Pero es tanto el temor a la resistencia a los antibióticos y la desconfianza hacia los pacientes, que las autoridades sanitarias mundiales han considerado durante mucho tiempo que el DOTS es necesario. Cuando le pregunté a la doctora Jennifer Furin, experta en tuberculosis, por este protocolo y sobre el hecho de obligar a las personas a tomarse sus pastillas mientras las observan cada día, me respondió: «No conozco ningún otro campo de la medicina en el que el tratamiento esté basado completamente en la falta de confianza hacia los pacientes».

Así, el DOTS, aunque ha supuesto un incremento espectacular de las personas tratadas, también ha perpetuado la desconfianza y la estigmatización de los pacientes con tuberculosis que desde hace tanto tiempo constituye la norma. Además, solo ofrecía una posibilidad de solución. En palabras de la doctora experta en tuberculosis Carole Mitnick: «Como cualquier remedio de aplicación universal, el DOTS es un fracaso para muchas personas». Una de esas personas, por supuesto, fue Henry.

Henry es un caso de estudio interesante porque le aplicaron el DOTS cuando enfermó de tuberculosis, a los cinco años. En aquel momento, no existían otros tratamientos para la tuberculosis en Sierra Leona y en la mayoría de los demás países pobres. Es posible que el tratamiento fracasara con Henry debido al teórico «incumplimiento del paciente», en el sentido de que su padre lo retiró del tratamiento de forma prematura. Pero ¿estamos dispuestos a ver a Henry como un ser humano que escribió poesías y prosas maravillosas, que animó no solo a otros sobrevivientes de la tuberculosis, sino también a sus cuidadores? ¿Estamos dispuestos a verlo como una persona valiosa entretejida en la historia de la humanidad? ¿O queremos verlo como un niño de cinco años que no cumplió con el tratamiento?

Sistematizar la atención sanitaria, tratar a todos como si fueran iguales, tiene sus ventajas. Pero también tiene un costo.

14

MARCO. POLO.

Más del 90% de las personas que enferman de tuberculosis padecen tuberculosis «susceptible a los medicamentos», lo que significa que el tratamiento RIPE, ya sea aplicado en DOTS o mediante cualquier otra estrategia, suele curarla.

Sin embargo, cada año alrededor de medio millón de personas contraen tuberculosis farmacorresistente, que no responde a uno o más de estos antibióticos de primera línea. Estos casos, conocidos como DR-TB, MDRTB o XDR-TB[26] o por una impresionante variedad de otras siglas, son más difíciles y caros de tratar, pero suelen ser curables.

Casi inmediatamente después de que apareciera la cura en los años cuarenta y cincuenta, surgió un nuevo temor: que la cura fuera temporal. La bacterióloga Mary Barber demostró ya en 1947 que *Staphylococcus aureus* estaba evolucionando para volverse resistente a la penicilina, y al año siguiente escribió que «el uso actual generalizado y a menudo indiscriminado de la penicilina, sobre todo como medida preventiva, supone una grave amenaza para su futuro». (En efecto, cuando Barber

[26] Tuberculosis farmacorresistente, tuberculosis multirresistente y tuberculosis extremadamente farmacorresistente, en ese orden.

escribió esas palabras, alrededor del 40% de las infecciones por estafilococos ya eran resistentes a la penicilina; hoy en día, más del 98% lo son.)

Se tarda mucho en matar al bacilo de la tuberculosis porque su membrana celular posee un grosor y una cantidad de lípidos extraordinarios, lo que, por otra parte, implica que las bacterias, al estar expuestas durante mucho tiempo a las sustancias que las matan, pueden desarrollar resistencia a las mismas. Pero lo que juega en contra de la tuberculosis es su velocidad de multiplicación, extremadamente lenta.

Los cuatro fármacos que forman parte del protocolo antibiótico de primera línea RIPE se introdujeron entre 1946 y 1966, y al cabo de más de medio siglo, la gran mayoría de los casos de tuberculosis aún pueden curarse con ellos. Por lo tanto, no puede decirse que la resistencia de la tuberculosis a los antibióticos nos haya arrollado con su rapidez. *Staphylococcus aureus* se multiplica hasta noventa veces más rápido que la tuberculosis, lo que da al estafilococo millones de oportunidades cada día para evolucionar hacia la resistencia a los medicamentos. *Mycobacterium tuberculosis* sencillamente tiene menos oportunidades; aun así, si dispone del tiempo suficiente, la bacteria lo consigue.

La resistencia a los antibióticos es un monstruo complejo y con muchos tentáculos: han contribuido a ella muchísimos factores, desde la prescripción excesiva hasta el uso de antibióticos para el ganado. Pero cuando analizamos el aumento de la tuberculosis multirresistente en concreto, es importante señalar que nos encontramos en esta situación, ante todo, porque dejamos de desarrollar nuevos tratamientos para la tuberculosis. El verdadero problema no es que la tuberculosis sea excepcionalmente hábil a la hora de desarrollar resistencia. El verdadero problema es que, durante los cuarenta y seis años transcurridos entre 1966 y 2012, no inventamos ningún fármaco nuevo para tratar la tuberculosis.

Esto me parece una de las decisiones más extrañas de la historia de la humanidad. Los seres humanos, una especie que nunca tiene suficiente, decidieron, por el motivo que fuera, que bastaba con cinco o seis medicamentos contra la tuberculosis.

¿Por qué? No es fácil encontrar nuevas clases de fármacos para tratar las infecciones bacterianas, pero sabemos que es *posible* encontrarlas. En las dos últimas décadas, a medida que han cambiado los incentivos económicos, hemos sido capaces de desarrollar nuevos y potentes medicamentos para tratar la tuberculosis, como la bedaquilina y la delamanida.

Pero el margen de beneficio es escaso.[27] La falta de inversión en nuevas clases de medicamentos para combatir las enfermedades bacterianas es la causa principal del aumento de la resistencia a los antibióticos.[28] Es fácil culpar a los pacientes,

---

[27] Por otra parte, el margen de beneficio también es escaso en muchas cosas que hacemos razonablemente bien, desde viajar al espacio hasta editar la Wikipedia.

[28] Soy la prueba viviente de los beneficios que tiene desarrollar nuevas líneas de antibióticos. En marzo de 2007, se me empezó a hinchar el ojo izquierdo. Al final, me diagnosticaron celulitis orbitaria, una infección en el tejido situado entre el ojo y el cerebro. La celulitis orbitaria puede ser muy grave: no es raro que los pacientes pierdan la vista en el ojo afectado y, a veces, la infección se extiende al cerebro, donde suele ser mortal. En mi caso, la bacteria que causaba la infección era una cepa farmacorresistente de *Staphylococcus aureus.* Cuando me hospitalizaron por la enfermedad, varios meses después de que acudiera al médico, estaba muy enfermo y me habían tratado con varios antibióticos. El especialista en enfermedades infecciosas del hospital me preguntó si me habían tratado con tal o cual medicamento. «¿Ha tomado una pastilla amarilla? ¿Una pastilla redonda?». La respuesta a todas las preguntas fue que sí. Al final me preguntó: «¿Ha tomado un medicamento que cuesta 700 dólares por pastilla?». No, le respondí. «Bueno —dijo—, pues está a punto de hacerlo». El medicamento que finalmente me curó la celulitis solo tenía un par de años.

a los proveedores o a las empresas farmacéuticas, pero lo cierto es que la humanidad entera ha decidido colectivamente no destinar más recursos comunes a nuevos tratamientos para las enfermedades. En parte se puede atribuir a nuestros sistemas económicos: los antibióticos más recientes no se recetan con tanta frecuencia, lo que significa que no son tan lucrativos como, por ejemplo, desarrollar un medicamento que vayan a tomar cientos de millones de personas para controlar la presión arterial. Por eso, cuando salen al mercado medicamentos antibacterianos nuevos, suelen tener un precio muy alto.[29]

Pero el mercado no tiene por qué ser el único determinante de la salud humana. En su lugar, podríamos invertir más dinero público y filantrópico en la investigación y el desarrollo de medicamentos, vacunas y sistemas de distribución de tratamientos. Podríamos replantearnos la asignación de los recursos sanitarios mundiales para ajustarlos mejor a la carga del sufrimiento global, recompensando los tratamientos que salvan o mejoran vidas en lugar de los tratamientos que pueden costearse los ricos. Cuando los mercados dicen a las empresas que es más rentable desarrollar productos que alarguen las pestañas que medicamentos que traten la malaria o la tuberculosis, es evidente que hay algo que no funciona en la estructura de incentivos. Y no tenemos por qué obedecer a esa estructura de incentivos. Lo sé porque los dos medicamentos más recientes para tratar la tuberculosis, la bedaquilina y la delamanida, se financiaron fundamentalmente con recursos públicos.

* * *

Se utilizan varias combinaciones de medicamentos para tratar la tuberculosis farmacorresistente. En 2025 los regímenes más

[29] De ahí mi tratamiento para la celulitis de 700 dólares por pastilla.

eficaces y menos tóxicos consisten en tomar entre cinco y siete pastillas al día durante un periodo de entre seis y nueve meses, pero sigue siendo habitual recibir un coctel de fármacos conocidos con el calificativo genérico y vagamente amenazador de «inyectables». El coctel de inyectables está formado por una combinación de pastillas e inyecciones de medicamentos altamente tóxicos.

Cuando conocí a Henry en Lakka, llevaba dos meses hospitalizado y estaba recibiendo el régimen de inyectables. El tratamiento de Henry incluía la kanamicina, que sabemos que es ototóxica y causa pérdida de audición a más del 20% de las personas que la toman, lo que a menudo les provoca sordera total y de por vida. La insuficiencia renal es otro efecto secundario común. Otros fármacos del coctel pueden ocasionar daños hepáticos graves.

A Henry no le deberían haber administrado kanamicina jamás. La bedaquilina, que se puede ingerir por vía oral, había sido aprobada por varios sistemas nacionales de salud (incluido el de Estados Unidos) en 2013. Cuando se utiliza en combinación con fármacos más antiguos como el linezolid y la pretomanida, la bedaquilina no solo es un fármaco potente que ayuda a curar la tuberculosis, sino que también tiene un perfil de seguridad mucho mejor que la kanamicina. No hay riesgo de pérdida auditiva con los regímenes de tratamiento a base de bedaquilina. (En 2024, había al menos cuatro regímenes de tratamiento con bedaquilina que eran más seguros y más cortos que el régimen de inyectables, y, sin embargo, cientos de miles de pacientes en todo el mundo recibieron los inyectables, lo que provocó decenas de miles de casos anuales de pérdida de oído y/o insuficiencia renal.)

Entonces, ¿por qué Henry no tomaba bedaquilina? Aunque la mayor parte del dinero que se destinó al desarrollo de la bedaquilina procedía del sector público (en gran parte del

Gobierno de los Estados Unidos), el fármaco era propiedad de Johnson & Johnson, que tenía su patente y su monopolio y, por lo tanto, el control absoluto sobre su precio. Un tratamiento con bedaquilina puede producirse de forma rentable por 130 dólares,[30] pero durante su monopolio, Johnson & Johnson cobró mucho más que eso por un tratamiento con bedaquilina, lo que hizo que el medicamento estuviera fuera del alcance del Ministerio de Sanidad de Sierra Leona y, como consecuencia, que Henry no pudiera acceder a la bedaquilina, por lo que recibió los inyectables.

Poco después de mi visita, un día se despertó y solo podía oír por un oído. No se lo dijo a su médico ni a las enfermeras. Sabía que no podían hacer nada y, además, temía que le suspendieran el tratamiento, lo que sería su sentencia de muerte.

Johnson & Johnson diría más tarde: «Es falso insinuar, como se ha hecho recientemente, que nuestras patentes se utilicen para impedir el acceso al SIRTURO (bedaquilina), nuestro medicamento para la tuberculosis multirresistente». Pero yo los reto a que miren a los ojos a Isatu y le digan que la especulación de J&J con el precio del medicamento no tuvo nada que ver con que un fármaco financiado principalmente por el público no fuera asequible para los miembros más vulnerables de ese público. La realidad es que muchas personas han muerto esperando la bedaquilina. Entre ellas se encontraba una activista india en la lucha contra la tuberculosis llamada Shreya Tripathi. Una de sus cuidadoras, la doctora Jen Furin, me contó más tarde que a Shreya le encantaba un libro que yo había escrito titulado *Bajo la misma estrella.* En un homenaje

---

[30] Lo sabemos con certeza porque J&J cobra ahora 130 dólares por un tratamiento con bedaquilina y no se han producido cambios notables en la fabricación del medicamento.

a Shreya, la doctora Furin escribió: «La hermana de Shreya le había regalado la novela después de que Shreya se quedara sin fuerzas para levantarse de la cama, como consecuencia no solo del patógeno infeccioso de la tuberculosis, sino también de la negativa de la sociedad a ayudarla a sobrevivir».

La primera vez que Shreya leyó acerca de la bedaquilina mientras investigaba su diagnóstico de tuberculosis extremadamente farmacorresistente, supo de inmediato que la bedaquilina era «lo que mi cuerpo necesitaba». Sus médicos estuvieron de acuerdo, pero el programa nacional contra la tuberculosis de la India denegó las peticiones de sus médicos de que se le aplicara un tratamiento a base de bedaquilina. Sus argumentos fueron los siguientes:

1. No había pruebas suficientes que respaldaran que el tratamiento con bedaquilina fuera más eficaz para la cepa de tuberculosis de Shreya (lo cual era falso; cuando Shreya enfermó, miles de personas con tuberculosis extremadamente farmacorresistente ya se habían curado gracias a la bedaquilina).
2. Su costo era prohibitivo (lo cual solo era cierto porque J&J había decidido que así fuera).
3. Era imperativo «proteger» la bedaquilina para las personas que pudieran necesitarla en el futuro. Según este argumento, si se receta bedaquilina con demasiada frecuencia, la tuberculosis también se volverá resistente a ella.[31]

[31] Por supuesto, permitir que la tuberculosis farmacorresistente no se trate en un paciente hace que sea mucho más fácil que ese paciente contagie la enfermedad a otras personas, lo que favorece la propagación de la tuberculosis farmacorresistente.

Shreya demandó al Gobierno indio para poder acceder a la bedaquilina. Era consciente de que su caso podría no avanzar lo suficientemente rápido como para que le sirviera de algo, pero, tal y como le dijo a su padre, quería que su sufrimiento tuviera sentido. Shreya ganó el juicio en el Tribunal Superior de Nueva Delhi, lo que obligó al Gobierno a poner a su disposición la bedaquilina, pero la victoria le llegó demasiado tarde. Cuando le administraron la primera dosis, escribiría la doctora Furin más tarde, «los pulmones de Shreya estaban destrozados. La bedaquilina, junto con otros medicamentos, logró matar el germen de la tuberculosis, pero no se podía hacer nada para que las células de sus pulmones volvieran a estar sanas: solo quedaban cicatrices».

* * *

Shreya murió en 2018, seis años después de que le diagnosticaran tuberculosis. La doctora Furin me contaría más tarde que Shreya estaba releyendo *Bajo la misma estrella* en los últimos días de su vida, identificándose con la dificultad para respirar de la narradora de mi novela, que vive con un cáncer que ha hecho metástasis en sus pulmones.

Cuando escribes una novela, te metes en ella tú solo. Escribí ese libro solo, sentado en aeropuertos y cafeterías, y tumbado en la cama. Pero cuando escribo, siempre tengo la esperanza de que algún día no estaré solo, ni en este trabajo ni en este mundo. Es un poco como ese viejo juego infantil de la piscina llamado Marco Polo, en el que una persona cierra los ojos y nada por la piscina tratando de tocar a otra persona. «Marco», dice la persona con los ojos cerrados, y los demás bañistas tienen que responder «Polo». «Marco, Marco, Marco», grita un niño, y los demás responden: «Polo. Polo. Polo». Para mí, escribir es así, como si estuviera escribiendo «Marco,

Marco, Marco» durante años, y finalmente terminara mi libro y alguien lo leyera y dijera: «Polo».

Y aquí está Shreya, diciéndome «Polo» desde la otra orilla. Pero también está diciendo «Marco». Me dice que oiga *su* voz y responda a *su* llamada. La gente suele preguntarme por qué me obsesiona la tuberculosis. Soy novelista, no historiador de medicina. La tuberculosis es rara donde yo vivo. No me afecta. Y todo eso es verdad. Pero oigo a Shreya, a Henry y a tantos otros que me llaman: Marco. Marco. Marco.

15

EL DOCTOR GIRUM

Unos meses después de conocer a Henry, llegó un nuevo médico a Lakka. El doctor Girum Tefera se crio en Etiopía, en las afueras de Addis Abeba. Su padre era maestro de escuela y Girum lo oyó decir una y otra vez que la educación era la clave del éxito. Era un buen estudiante, aunque a menudo tenía que cambiar de escuela debido a los cambios de trabajo de su padre. De niño, Girum no estaba seguro de si quería dedicarse a la ingeniería o a la medicina hasta séptimo curso, cuando vio a su madre sufrir convulsiones de epilepsia incontrolada. «Ver a mi madre sufrir convulsiones cuando la epilepsia no estaba controlada me hizo pensar: si me hago médico, al menos podré ayudar a mi madre».

El doctor Girum, como lo llaman sus pacientes, fue a la universidad en el extremo norte de Etiopía y comenzó a estudiar la tuberculosis después de que un mentor le ayudara a comprender la magnitud de esta tragedia mundial. Cuando conocí al doctor Girum, me dijo: «Lo que me hace querer seguir siendo médico especialista en tuberculosis es que veo a mucha gente desamparada. La mayoría de las personas que acuden con un diagnóstico provienen de familias pobres y marginadas. Lo que me anima es que llegan casi muertos y, si encuentras el tratamiento adecuado, es pura magia. Al cabo de unos meses, ves a un paciente que estaba paralizado por la afectación ósea salir del hospital. Por eso los medicamentos contra la tuberculosis son mágicos». Después de trabajar en la tuberculosis en Etiopía, el doctor Girum consiguió un empleo a miles de kilómetros de distancia, en Lakka. Dejó atrás su vida porque sabía de la gravedad de la epidemia de tuberculosis en África occidental y creía que podía marcar la diferencia. Podría contar muchas historias de éxito. «Pero a veces —me dijo— «también es frustrante. Lo que resulta frustrante es ver a tantos pacientes que llegan tarde al proceso. Así que sigues luchando por darles la atención que necesitan, pero con frecuencia ves a pacientes que, básicamente, ya no tienen pulmones».

Esto supone un enorme reto para el tratamiento de la tuberculosis en las comunidades pobres. En los años cincuenta, en Estados Unidos, se desplegaron furgonetas con equipos móviles de rayos X por todo el país para ofrecer placas de tórax gratuitas con el fin de detectar la tuberculosis de forma precoz y poner a las personas en tratamiento.

Esta «detección activa de casos» es clave para reducir la tuberculosis por tres razones:

1. La detección temprana detiene las cadenas de infección, lo que reduce la carga futura de la enfermedad.
2. Identificar a los pacientes antes de que se pongan muy enfermos permite obtener mejores resultados generales.
3. Se puede ofrecer terapia preventiva a los contactos cercanos de las personas infectadas.

Si vives con alguien que tiene tuberculosis activa, tú mismo eres especialmente vulnerable a la infección. Sin embargo, tomando uno de los medicamentos RIPE, la isoniazida, se puede eliminar cualquier infección latente del organismo. Por desgracia, la terapia preventiva sigue exigiendo que se ingieran medicamentos todos los días durante varios meses, lo que puede suponer una molestia considerable para quienes no están enfermos, pero es eficaz y, en general, bien tolerada. Además, se ha demostrado la eficacia de soluciones terapéuticas preventivas mejores y más breves, pero aún no se han implantado a nivel mundial.

La terapia preventiva se puso en marcha por primera vez en Bethel (Alaska), donde las tasas de tuberculosis a principios de los años cincuenta eran extraordinariamente altas (de hecho, más altas que las actuales en Sierra Leona). Pero la aplicación de este enfoque integral para combatir la tuberculosis redujo las tasas de tuberculosis en Bethel en un 69% *en un solo año*.

Por lo tanto, esta estrategia puede ser tremendamente eficaz, pero en Sierra Leona, a principios de la década de 2020, la detección activa de casos y la terapia preventiva eran muy limitadas, ya que se disponía de muy pocos recursos para combatir la tuberculosis. En lugar de contar con máquinas de rayos X repartidas por todo el país, a muchos pacientes aún los diagnostican mediante microscopía de frotis, que pasa por alto el 50% de los casos, sobre todo, en las primeras fases de la enfermedad. Muchos pacientes reciben un diagnóstico erróneo de malaria o fiebre tifoidea. Muchos esperan hasta que están muy enfermos para buscar atención médica, porque saben que será cara y estigmatizante. Esta combinación de factores supone que, cuando un paciente llega a Lakka, suela estar demasiado enfermo para sobrevivir. El doctor Girum me habló de otra gran frustración: saber lo que hay que hacer y no poder hacerlo. «Cuando sabes qué medicamentos necesitan, pero no los tienes, es muy duro. En los países occidentales pueden detener una hemorragia, pero nosotros no tenemos los instrumentos».

Y así, en numerosas ocasiones, el doctor Girum ha visto morir a pacientes por una hemorragia pulmonar que sabía cómo tratar, o por falta de medicamentos que pudiera administrar con seguridad.

El doctor Girum es delgado y discreto. Acepta la complejidad: cada vez que empiezo a despotricar, él matiza mis comentarios. Es difícil imaginarlo alzando la voz. Me dijo que, cuando llegó a Lakka, «conocí a un chico. Como tú, no me di cuenta de que era un paciente porque siempre estaba ayudando a los demás pacientes. Pensé que tal vez ese era su trabajo: ser un apoyo social. Pero ¡no! ¡Es un paciente! Y entonces veo su historial y me doy cuenta. Ese paciente era Henry Reider, claro».

A esas alturas, era evidente que el régimen de inyectables no le funcionaba, como tampoco le había servido el RIPE. El tratamiento había causado mucho sufrimiento a Henry, lo había dejado sordo de un oído, y no lo curaría. El doctor Girum sabía que Henry se deterioraría lenta e inexorablemente. Cuando falla la última línea de medicamentos disponibles, me dijo, ya sabes cómo acaba la historia: «Ese es el momento en el que dejas el estetoscopio».

Vale la pena detenerse un momento en la importancia de un diagnóstico precoz y exacto, porque la vida de Henry podría haber sido muy diferente. La prueba molecular rápida que no le hicieron a Henry, conocida como GeneXpert, es una maravilla de la tecnología fabricada por una filial de la empresa Danaher, Cepheid. Utilizando una tecnología parecida a las pruebas de PCR para el covid o el VIH, un cartucho de GeneXpert puede identificar no solo si alguien tiene tuberculosis, sino también si su infección concreta es resistente a determinados antibióticos. Un segundo cartucho puede analizar la sensibilidad a una gama más amplia de antibióticos, por lo que, con estas dos pruebas, los médicos pueden saber en pocas horas tras atender a un paciente si el tratamiento RIPE le curará la tuberculosis.

Por supuesto, no habría sido una panacea para Henry, ya que de todos modos le habría resultado muy difícil que le suministraran los antibióticos de segunda y tercera línea que necesitaba. Pero al menos su familia habría *sabido* lo que necesitaba.

El acceso a las pruebas moleculares se ha visto muy limitado debido a su costo. Como dijo el doctor Muhammad Shoaib, de Médicos Sin Fronteras: «El número de personas que tienen acceso a las pruebas GeneXpert es insuficiente, y su alto precio es un factor clave». Un técnico de laboratorio de Sierra Leona me dijo: «Las máquinas son estupendas. Ojalá tuviéramos dinero para los cartuchos de pruebas».

Cepheid utiliza un modelo de negocio similar al de la tinta de impresora o las navajas de afeitar para generar enormes beneficios: venden las máquinas de pruebas GeneXpert con poco margen de beneficio, pero luego cargan un margen considerable a los cartuchos de pruebas, del mismo modo que los mangos de las maquinillas de afeitar suelen ser baratos, pero las navajas de recambio son escandalosamente caras. De hecho, el director ejecutivo de Danaher, Rainer Blair, señaló que GeneXpert ofrecía «el modelo de negocio de las navajas de afeitar a un elemento de carácter esencial», como si se jactara de que los beneficios de su empresa se basan en especular con los precios de productos que venden a los países más pobres del mundo y a quienes les prestan servicio.[32]

---

[32] Danaher redujo el costo de su cartucho estándar para pruebas de tuberculosis en 2023 y se comprometió a vender a los países de ingresos bajos y medianos pruebas de tuberculosis al precio de costo, certificado por un auditor independiente, pero en 2024 la empresa aún no había publicado ninguna auditoría que cumpliera con ese compromiso.

Un estudio encargado por Médicos Sin Fronteras indicó que el costo de fabricación de estos cartuchos era inferior a 5 dólares, pero hasta 2023, el precio de un solo cartucho GeneXpert era de 9.98 dólares; el de la prueba de farmacorresistencia extensa era de 14.90 dólares.[33]

Dejando de lado los costos de las máquinas en sí, su mantenimiento y los técnicos de laboratorio que las manejan, solo hacer la prueba a una persona con estos dos cartuchos cuesta 24.88 dólares, lo que supone *más de la mitad* de lo que Sierra Leona gasta en asistencia sanitaria por persona al año. Por lo tanto, la tuberculosis se detectaba de formas más baratas, mediante microscopía o placa de tórax; ninguna de las cuales puede determinar si la tuberculosis del paciente es sensible a los antibióticos de primera línea.

Combinar las pruebas de microscopía y el tratamiento RIPE es, en sentido estricto, la forma más barata de tratar la tuberculosis. Más del 90% de las personas con tuberculosis responden bien a los medicamentos RIPE, por lo que tiene cierta lógica diagnosticar la tuberculosis de la forma más económica posible y administrar a todo el mundo los medicamentos RIPE. Si una persona tiene la mala suerte de padecer tuberculosis farmacorresistente, se puede identificar mediante costosas pruebas moleculares o cultivos después de que falle el protocolo RIPE. Pero esta lógica de la escasez no ha regido nunca en Estados Unidos, donde las pruebas GeneXpert para la tuberculosis son rutinarias y donde, hace setenta años, instalamos máquinas de rayos X en autobuses porque ya entonces reconocimos que la microscopía de frotis no tenía la sensibilidad suficiente. El

[33] Puede que no parezca mucho dinero, pero el Fondo Mundial, uno de los principales financiadores de las pruebas y el tratamiento de la tuberculosis, afirma que, cuando Danaher redujo los precios en solo 2 dólares, a finales de 2023, se pudieron comprar millones de pruebas más al año.

resultado es que hoy en día tenemos muy pocos casos de tuberculosis en Estados Unidos y gastamos muy poco en prevenir o tratar la tuberculosis. Los análisis de la relación costo-efectividad acostumbran a ser superficiales. Si se tienen en cuenta los costos más amplios —el de las pastillas ineficaces, el de la posible propagación de la tuberculosis farmacorresistente, el de hospitalizar a un niño que debería estar en la escuela y todos los demás costos de *no* proporcionar a los niños acceso a pruebas adecuadas—, las pruebas GeneXpert deberían estar en todas las clínicas de todos los países con tasas altas de tuberculosis. Pero la obsesión por la ratio costo-efectividad a menudo se limita a preguntarse: «¿Podemos diagnosticar esta enfermedad de forma más barata?», en lugar de tener en cuenta los costos humanos en un sentido más amplio.

Si tenemos en cuenta los costos a largo plazo de no utilizar todas las herramientas a nuestra disposición, el cálculo del valor cambia. Visto así, invertir en el diagnóstico y el tratamiento de la tuberculosis comienza a parecer una apuesta ganadora en materia de salud mundial. Un estudio de 2024 encargado por la OMS reveló que cada dólar gastado en la atención de la tuberculosis genera alrededor de 39 dólares en beneficios al reducir el número (y el gasto) de futuros casos de tuberculosis y al permitir que más personas puedan trabajar en lugar de estar crónicamente enfermas o tener que cuidar de sus familiares crónicamente enfermos. Un artículo publicado en 2023 en la revista *Journal of Benefit-Cost Analysis* (¡hay revistas para todo!) calculó una rentabilidad aún mayor, al descubrir que cada dólar «invertido en la tuberculosis genera 46 dólares estadounidenses en beneficios». El informe también reveló que, entre 2023 y 2050, podrían evitarse «casi un millón de muertes al año en promedio [...]. Las intervenciones para combatir la tuberculosis tienen una relación calidad-precio excepcional».

Pero, por supuesto, las personas no son solo su productividad económica. El motivo principal de nuestra existencia no es que nos incluyan en análisis de costo-beneficio. Existimos para amar y ser amados, para comprender y ser comprendidos. Las intervenciones contra la tuberculosis son una inversión en la salud mundial excepcionalmente buena, pero no es por eso por lo que me importa la tuberculosis.

La tuberculosis me importa por Henry.

16

HENRY

Isatu le llevaba comida extra a Henry siempre que podía, mientras él soportaba los rigores del tratamiento en Lakka. Cuando perdió tanta sangre por la hemorragia pulmonar que necesitó una transfusión, Isatu fue de amigo en amigo, de vecino en vecino y de pariente en pariente para recaudar el dinero necesario para la transfusión y buscar un voluntario. Le tomó la mano a Henry mientras le hacían la transfusión y lo abrazó cuando tuvo convulsiones en la mesa, empapado en sudor, con el cuerpo abrumado por la sangre que necesitaba desesperadamente.

Pero, como ya sabía el doctor Girum Tefera, el tratamiento inyectable no funcionaría lo suficientemente bien como para curar a Henry. Su enfermedad ya estaba empeorando. Henry creía que podía controlar la eficacia de su tratamiento observando los ganglios linfáticos enormemente inflamados de su cuello y hombro. Cuando crecían hasta romperle la piel y dejarle úlceras, sabía que empeoraba. Cuando se estabilizaban o se reducían durante un tiempo, creía que mejoraba. El doctor Girum me contó que Henry tenía una habilidad extraordinaria para autoconvencerse de que tenía que ser optimista y animarse. «Tiene una forma de pensar increíble —comentó el doctor Girum—. Siempre te decía: "Quiero volver a la escuela". Lo decía incluso en plena crisis. Aunque el tratamiento no funcionara, aun a sabiendas de lo difícil que era, planeaba siempre vivir y volver a la escuela».

Pero lo cierto es que el tratamiento con inyectables no le funcionaba, y el doctor Girum sabía que, para darle a Henry alguna posibilidad de curación, tenía que encontrar un remedio distinto. «Nos quedamos sin opciones, así que empezamos a hablar con colegas de otros países». Consultó con médicos de la Facultad de Medicina de Harvard y de otros centros del África subsahariana y Asia. Parte del reto eran las comorbilidades de Henry: tenía otros problemas de salud que le impedían ingerir algunos medicamentos contra la tuberculosis, lo que significaba que habría que diseñar un coctel experimental específico para Henry.

«En aquel momento —explicó el doctor Girum—, el programa nacional contra la tuberculosis de Sierra Leona estaba tratando de introducir nuevos medicamentos, entre ellos la delamanida y la bedaquilina». Pero esos medicamentos no solo eran demasiado caros —más de 1 000 dólares por un tratamiento de dieciocho meses—, sino que además aún no se encontraban en Sierra Leona. Además, tenían sus propios efectos secundarios, lo que podía suponer un problema para el hígado o los riñones de Henry debido a sus dificultades de salud preexistentes. Era un caos tremendo que exigía tanto la habilidad de un médico para elaborar un tratamiento como el genio operativo para encontrar la manera de que los medicamentos adecuados llegaran a Lakka. Pero el doctor Girum no podía soportar la idea de abandonar a este chico ni, en realidad, a ninguno de sus pacientes. «En el campo de la tuberculosis —me dijo—, hay que seguir intentándolo».

* * *

A pesar de que a la familia de Henry le costara mucho conseguir unos ingresos mínimos y comida suficiente, Isatu lo visitaba casi todos los días, y su padre también lo visitaba a menudo. Cuando la madre de Henry le llevaba comida, Henry la compartía con Thompson, un hombre de unos treinta años que también vivía en la sala de tuberculosis multirresistente. Aunque Henry se hizo muy amigo del personal sanitario —«Era como un hijo para todos», según el doctor Girum—, estaba aislado de la mayoría de los demás pacientes debido al riesgo de que pudiera contagiarles su cepa de tuberculosis farmacorresistente particularmente grave. Con Thompson, en cambio, podía pasar bastante tiempo y se hicieron muy amigos. «Siempre me animaba —dijo Henry—. Incluso cuando los dos estábamos en cama con fiebre y enfermos, yo compartía mi comida con él y él me animaba. "Tú puedes. Vas a tener una buena vida, Henry"».

Henry necesitaba esos ánimos. Aunque intentara mostrarse feliz y contento en público y animar a todos los que se encontraba, no solo luchaba contra la carga física de su tuberculosis, que cada vez iba peor, sino también contra la desolación emocional. «La habitación del hospital se convirtió en mi universo entero —escribió—. Me invadió una sensación de aislamiento y desesperación».

Tenía a la familia a su lado, cosa rara, pero muchos de sus amigos desaparecieron. «Tenía miles de amigos en la escuela. Pasábamos todo el tiempo juntos. Jugábamos juntos todo el tiempo». Recordaba que una vez se lastimó la rodilla y sus amigos comenzaron a llorar por él como muestra de empatía, porque lo querían mucho. En Lakka, mientras estaba acostado de lado, sabiendo que no podía respirar lo suficiente ni siquiera para ir caminando al otro extremo de la habitación, pensaba en aquella época. «Algunos de ellos, cuando se enteraron de que tenía tuberculosis, no volvieron a hablarme jamás».

* * *

Cuando Henry supo que su tratamiento con inyectables no funcionaba, se desanimó. «Nuestro chico feliz», como lo llamaba una de las enfermeras, se volvió hosco y estaba enojado. «La luz que antes brillaba en mis ojos ahora se había apagado —escribió—. A medida que pasaban los meses, el aislamiento se hacía más profundo». Ya no rapeaba ni bailaba en los pasillos, ni se ponía los lentes de sol del revés para hacer reír a los demás pacientes. Ahora lo sabía. No solo se estaba quedando atrás con respecto a sus compañeros, sino que se estaba despidiendo del mundo a los dieciocho años.

En el cuartito donde el doctor Girum revisaba las historias clínicas, había pocos motivos para el optimismo. En aquella época, Lakka no tenía un suministro regular de agua corriente y la electricidad se cortaba durante horas todos los días. No tenían suficiente comida para alimentar adecuadamente a los pacientes, y mucho menos la capacidad de adaptar nuevas combinaciones de medicamentos a cada paciente con tuberculosis farmacorresistente compleja.

* * *

En la primavera de 2020, tanto Henry como su amigo Thompson estaban ambos en las últimas. Para Henry, Thompson no solo era su amigo y mentor, sino también, en palabras del mismo Henry, «el fantasma de mi futuro». Y una mañana, de pronto, Thompson se fue. Murió ahogado por falta de aire, una experiencia que una persona me describió como «respirar a través de una pajita o con la cara contra una almohada, todo el día».

«Mi amigo perdió la vida. Y después de su muerte, algo me dijo: "Ahora te toca a ti, Henry. Te toca a ti"». Henry estaba convencido de que su muerte era inminente. Cada vez lloraba más y salía menos de su habitación. Cuando Isatu lo visitaba con comida, no comía. No tenía apetito, aunque los médicos no sabían decir si se debía a la depresión o a la tuberculosis. Para Henry, eran inseparables. Al igual que seguramente no habría desarrollado la tuberculosis si no hubiera estado desnutrido porque su familia no tenía dinero para comida, seguramente no habría desarrollado la depresión si no hubiera visto morir a su mejor amigo y sabido con certeza que ahora le tocaba a él.

Por la noche, pensaba en su madre. La extrañaría mucho, pero más aún ella a él. Su madre lo quería profunda e invariablemente. Ya había perdido a una hija. Henry le rezaba a Dios por su salvación, por su curación, pero no por él, aunque Henry ansiara desesperadamente vivir, sino por Isatu, para que no se quedara sola en el mundo.

Con su padre, la relación era más complicada. Solo habían tenido una relación cercana de forma intermitente. El padre de Henry tenía arranques de ira, y Henry con frecuencia tenía la sensación que su padre había abandonado a la familia, ya que no les había prestado ningún apoyo económico mientras vivía lejos de ellos. Sí había visitado a Henry con frecuencia en el hospital y estaba claro que se preocupaba por su hijo, pero el padre de Henry seguía convencido de que Henry no debería estar en el hospital y que su tuberculosis se podía curar mediante la oración. Henry se inclinaba por confiar en el doctor Girum, pero, sobre todo después de que muriera Thompson, comenzó a desesperarse. «Tenía mucho miedo —dijo—. Thompson y yo nos animábamos mutuamente. Era mi único gran amigo. Así que verlo morir me hizo pensar en otras cosas. Me hizo pensar en la muerte».

Y estos pensamientos no lograban acallarlos fácilmente el doctor Girum ni las demás personas que cuidaban de Henry.

Podían usar frases como: «Te cuidaremos lo mejor que podamos» o «Estaremos contigo pase lo que pase», e incluso podían decirle: «Aún hay esperanza». Pero no podían decirle: «*Te pondrás mejor*». No podían decirle: «*Te curarás*».

17

«PÉGUEME MÁS ADELANTE»

Aun así, el doctor Girum siguió esforzándose por encontrar un nuevo régimen farmacológico que ayudara a Henry. Consultó con el programa gubernamental contra la tuberculosis. ¿Y si *pudiéramos* conseguir los medicamentos adecuados en Sierra Leona? Tal vez Henry podría ser el primero en recibirlos, y podríamos utilizar su caso para demostrar que, en Sierra Leona, es justo y adecuado que los pacientes reciban el tipo de tratamientos personalizados y adaptados que son de esperar en los países ricos.

Mientras el doctor Girum se esforzaba por demostrar que Henry necesitaba y merecía un tratamiento personalizado para sobrevivir, el padre de Henry se sentía cada vez más decepcionado y molesto con un sistema que mantenía a su hijo encerrado en un hospital. Y cuando el padre de Henry se enteró de que el tratamiento con inyectables estaba fallando, montó en cólera. Su hijo llevaba doscientos días encerrado en este hospital, que hacía décadas que la gente consideraba un lugar al que se va a morir, y resultaba que el medicamento que prometía ser la cura no había servido de nada, o peor aún que nada, porque su hijo estaba más enfermo que nunca.

El padre de Henry se sentó frente al doctor Girum, cuya actitud paciente no servía para calmarlo. En la atmósfera sofocante de la sala de consultas del doctor Girum, el padre de Henry se levantó y le gritó a ese médico extranjero que su hijo necesitaba volver al colegio, a casa, a la vida. Los tres tratamientos anteriores habían fracasado. Hasta donde el padre de Henry alcanzaba a ver, la medicina le había fallado a su hijo, al igual que el sistema de salud formal siempre les fallaba a los enfermos. Al fin y al cabo, el chico estaba en cama todo el día, incapaz de levantarse para nada más que para ir al baño.

El doctor Girum tenía miedo: era nuevo en el país y aún no hablaba krio con fluidez. Ni siquiera entendía del todo lo que le gritaba el padre de Henry, solo que le estaba gritando. El médico intentó explicarle que Henry *no podía* volver al colegio, que no estaba lo suficientemente bien y que, de hacerlo, expondría a los demás alumnos a una cepa extremadamente peligrosa de tuberculosis farmacorresistente. Tampoco podía irse a casa, porque allí se moriría, sin más.

«Pues que muera en casa», respondió su padre, que estaba desconsolado y enfurecido. El padre de Henry anunció que volvería al día siguiente para llevarse a su hijo, para que Henry pudiera pasar sus últimos días en casa, rodeado de sus seres queridos, en lugar de en ese hospital que solo le daba falsas esperanzas. Y si no le permitían llevarse a su hijo, el padre de Henry prometió darle una paliza al doctor Girum.

* * *

Mientras tanto, Henry languidecía en su habitación. Sabía que su padre quería llevarlo a casa y que el doctor Girum le había prometido que aún había esperanza si se quedaba en Lakka. No sabía a quién o en qué creer. Estaba desesperado y aterrado. No confiaba en su padre, pero tampoco estaba seguro de si debía confiar en los médicos y enfermeras. Al fin y al cabo, no habían salvado a Thompson.

Henry quería ser alguien, contribuir al bien de su país, viajar por el mundo y ver cómo vivían los demás. Recordaba a los hombres de negocios de las calles de Freetown, que llevaban zapatos nuevos. Sabía que era una tontería pensar en eso, sobre todo si se estaba muriendo, pero nunca había tenido un par de zapatos nuevos. Siempre había calzado zapatos ya deformados por los pies de otra persona.

Cuando Henry escuchaba música, imaginaba a las personas de todo el mundo que habían compuesto esas canciones. ¿Cómo serían sus vidas, en Londres, Los Ángeles o Lagos? Ahora nunca lo sabría. Intentaba calmarse, tranquilizarse, pero entonces tosía más sangre. Notaba cómo las úlceras de su cuello y hombro se hacían más grandes, su piel ya no era capaz de contener los tubérculos bacterianos. Su desolación se veía agravada por la soledad. Estaba demasiado enfermo para salir a menudo de su cuarto, pero tampoco se lo permitían. «El equipo médico —escribió—, tras reconocer la gravedad de mi estado, tomó la difícil decisión de limitar mis interacciones con otros pacientes. Me confinaron a mi propio espacio, aislado de la camaradería y las experiencias compartidas que antes habían sido una fuente de consuelo».

Quizás debería irse a casa. Pero deseaba desesperadamente vivir y no tenía más fe en los tratamientos tradicionales, como los exorcismos, que en los tratamientos biomédicos. Todos le habían fallado. Quizás Dios lo necesitaba. Pero le daba miedo acudir a Dios. Quizás no había sido bueno. Pensó en la forma en que la gente lo trataba cuando sabían que tenía tuberculosis: cómo lo miraban con el ceño fruncido, cómo se quedaban en el otro extremo de la habitación incluso cuando llevaba cubrebocas. Cómo lo compadecían o lo insultaban.

* * *

Esa noche, al doctor Girum le costó dormir. Estaba a tres mil kilómetros de su esposa y su bebé, trabajando tan lejos de casa porque era una oportunidad irrepetible, pero también porque sabía lo desesperadamente que Sierra Leona necesitaba atención para la tuberculosis. En su región natal de Etiopía, la tuberculosis también era un gran problema y sufría una falta crónica de recursos, pero en Sierra Leona la situación era mucho más desesperada. Muchas personas ni siquiera podían acceder a las pruebas de diagnóstico y, cuando finalmente llegaban a Lakka, tenían los pulmones destrozados. El doctor Girum sabía que, aunque pudiera conseguir un mejor tratamiento para Henry, era muy probable que el chico muriera. En las últimas radiografías, sus pulmones tenían un aspecto terrible.

Además, temía al padre de Henry y sus amenazas. «Procuré recordar —me diría más tarde el doctor Girum— que lo único que quería este hombre era tener a su hijo en casa. No quería que su hijo muriera solo. Lo entiendo. Yo también soy padre». Por fin, el doctor Girum ideó un plan y solo entonces logró conciliar el sueño.

A la mañana siguiente, el padre de Henry volvió al hospital. Estaba enojado porque las enfermeras no le permitían ver a su hijo. Rodeó el escritorio del médico, dispuesto a golpear al doctor Girum, quien le dijo con calma: «Si se lleva a su hijo ahora, todo el trabajo que hemos hecho habrá sido en vano. Sé que es padre. Yo también lo soy. Pero soy su médico y le prometo que, si este chico no mejora con el nuevo tratamiento, puede venir a pegarme. No me pegue hoy. Pégueme más adelante, si esto falla».

El padre de Henry salió furioso de la habitación para ir a buscar a su hijo, pero las enfermeras lo detuvieron y, finalmente, también Henry, que por aquel entonces ya tenía dieciocho años. Henry le dijo a su padre que se quedaría en Lakka y esperaría los nuevos medicamentos.

A la mañana siguiente, Isatu fue al hospital y se disculpó. «Mi marido ya se rindió —explicó—. Quiere estar con su hijo. Pero yo no voy a rendirme, confío en usted, doctor Girum. En sus manos pongo mi fe, mi vida, mi hijo».

El doctor Girum me contó más tarde: «Sí, lo sé, es un paciente, nada más. Hay muchos pacientes, y Henry es uno más. ¿Por qué deberíamos mover montañas para salvar a un paciente? Porque es una persona. Una persona, ¿me entiende? Por otra parte, ¿y si es el primero de muchos?».

18

SUPERBACTERIA

En los países ricos, si alguna vez oímos hablar de la tuberculosis, suele ser en el contexto de una crisis inminente: con el tiempo, puede surgir una cepa de tuberculosis resistente a *todos* los antibióticos disponibles, una superbacteria que quizás sea aún más agresiva y mortífera que las formas anteriores de la enfermedad. El alarmismo en torno a las superbacterias puede tener un propósito: es una estrategia para que las personas de las comunidades ricas se preocupen por la tuberculosis. Puede que aún no esté aquí, pero cuando llegue, ya será tarde.

Y que quede claro: es más que posible. *M. tuberculosis* ha demostrado su capacidad para seleccionar variantes que evaden los antibióticos y, dado que no lo hemos hecho demasiado bien a la hora de crear una amplia gama de tratamientos contra la tuberculosis, podría surgir una cepa altamente infecciosa y resistente a todo. Lo más probable sería que no se propagara por toda la tierra en cuestión de semanas o meses; hay que recordar que la tuberculosis se multiplica (y hace enfermar) bastante más despacio que la mayoría de los patógenos, y que afecta sobre todo a personas con sistemas inmunitarios comprometidos por la malnutrición, enfermedades concomitantes o malas condiciones de vida. Pero la tuberculosis podría volver a convertirse en la crisis mundial que fue hasta hace setenta años.[34]

Sin embargo, no me parece correcto dar mayor importancia al tema de las superbacterias por dos motivos: en primer lugar, no deberíamos temer personalmente a la tuberculosis para comprender la crisis y darle respuesta. Para miles de millones de personas, la era de las superbacterias ya está aquí: la tuberculosis es una potente infección bacteriana contra la que miles de millones de personas carecen de herramientas eficaces para luchar; no porque esas herramientas no existan, sino porque lo hemos hecho muy mal a la hora de encontrar la cura para la enfermedad.

Además, como vimos con el covid, cuando una enfermedad incurable se propaga ampliamente entre los ricos y poderosos, aumentamos drásticamente nuestras inversiones en herramientas para tratar y prevenir dicha enfermedad. Cuando aún no habían transcurrido dieciocho meses de la aparición del covid, ya contábamos con excelentes vacunas y medicamentos antivirales eficaces para combatir la pandemia. El covid sigue siendo una grave amenaza para la salud pública en 2025 y una de las principales causas de muerte y discapacidad, pero la situación es diferente a la de 2020 gracias a la inversión en investigaciones destinadas a responder a la enfermedad. Si la tuberculosis se convirtiera en un problema para el mundo rico, la enfermedad recibiría un torrente de atención y recursos hasta que dejara de ser un problema para los ricos, poderosos y sanos.

* * *

[34] De hecho, la tuberculosis ya está aumentando, aunque lentamente, en Estados Unidos, donde en 2023 se registraron casi diez mil casos de infección activa.

Y eso nos lleva de nuevo a nuestro viejo amigo-enemigo, la relación costo-efectividad. Para comprender hasta qué punto esa relación distorsiona el tratamiento de la tuberculosis, veamos los antibióticos denominados rifamicinas, la R del protocolo RIPE. La primera rifamicina fue sintetizada en un laboratorio italiano por Maria Teresa Timbal, Pinhas Margalith y Piero Sensi.[35] Como se indicaba en un análisis de 1969, «el principal atractivo de la rifampicina [una variante de la rifampina] es su bajísima toxicidad y su fácil administración». ¡Sin duda, parece un atractivo de lo más notable! Pero había una desventaja: «El principal inconveniente es el costo. Es un fármaco muy caro y es probable que siga siéndolo. En muchos países, el costo será prohibitivo. Será mucho más importante aprovechar mejor los recursos disponibles mejorando el tratamiento primario con regímenes farmacológicos más baratos».

Hay mucho que analizar en esas tres frases. Empecemos por «es un fármaco muy caro». ¿Por qué es un fármaco muy caro? Bueno, en los años sesenta era difícil de producir en grandes cantidades. Pero con frecuencia nuestros análisis de costos dan por sentado, erróneamente, que «un fármaco muy caro [...] es probable que siga siéndolo». Hoy en día, el costo de la rifampicina es menos de la mitad que hace cuarenta años y es absolutamente indispensable para curar la mayoría de los casos de tuberculosis.

En el momento de su introducción, la rifampicina se probó en dosis de 600 mg una vez al día, no porque se creyera que era la dosis más eficaz, sino porque se consideraba que era la dosis más barata que seguía siendo eficaz. E incluso hoy

[35] El laboratorio les daba a sus medicamentos nombres inspirados en fenómenos de la cultura de masas. En el caso de la rifamicina, se inspiraron en una película francesa de gánsteres, *Rififí*, dirigida por Jules Dassin, un estadounidense que figuraba en la lista negra de Hollywood por haber sido miembro del Partido Comunista.

en día, *seguimos* recetando 600 mg de rifampicina, a pesar de que cuesta menos producir el medicamento y parece probable que dosis más altas sean más eficaces. «Llevamos cincuenta años administrando dosis insuficientes de este fármaco», me dijo la doctora Carole Mitnick, porque seguimos basando nuestro análisis de costos en lo caro que era producir el fármaco en 1969. Esto aumenta la probabilidad de que los pacientes se vuelvan resistentes a la rifampicina y otros medicamentos de su clase, ya que las bacterias tienen más tiempo para desarrollar inmunidad a una dosis innecesariamente baja, lo que también significa que las personas están enfermas (y contagiosas) durante más tiempo del necesario.

Todo esto ocurre por lo que la doctora Mitnick califica de «falta de imaginación». «Existe una mentalidad persistente de escasez en la tuberculosis», explicó. Pienso en esto en el contexto de mi hermano Hank y su tratamiento contra el cáncer. El tratamiento del cáncer, incluso dentro de los Estados Unidos, sigue siendo tremendamente desigual y a precios abusivos, pero nadie cuestionó si el tratamiento del linfoma de mi hermano era «rentable», a pesar de que costó cien veces más de lo que habría costado curar la tuberculosis de Henry. Mi hermano es mi amigo más antiguo, mi colaborador más próximo, y con su labor ha transformado muchas vidas. Nunca aceptaría un mundo en el que a Hank le dijeran: «Lo sentimos, pero aunque tu cáncer tiene una tasa de curación del 92% si se trata de forma adecuada, no hay recursos suficientes en el mundo para que puedas recibir ese tratamiento. Punto». Ese mundo sería manifiestamente injusto e inaceptable. Entonces, ¿cómo puedo vivir en un mundo en el que a Henry y a su familia les digan eso? ¿Cómo puedo aceptar un mundo en el que más de un millón de personas morirán este año por falta de una cura que existe desde hace casi un siglo?

19

CÍRCULOS VICIOSOS

A principios de los años ochenta del siglo pasado, médicos y activistas del Sur Global comenzaron a dar la voz de alarma sobre una explosión de casos de tuberculosis de una rapidez y gravedad insólitas. Los pacientes jóvenes morían en cuestión de semanas en lugar de años, en muchos casos, mientras la tuberculosis se extendía por sus pulmones a una velocidad aterradora y los mataba por asfixia. La tuberculosis siempre había sido un asesino sigiloso, un estrangulador lento. Ahora los pacientes morían a las pocas horas de ingresar en el hospital.

Estas muertes parecían estar asociadas a la pandemia emergente que hoy conocemos con el nombre de VIH/sida. En 1985, los médicos observaron altas tasas de tuberculosis activa entre los pacientes seropositivos en Zaire y Zambia. Dado que el VIH no tratado reduce la resistencia a las infecciones, es mucho más fácil que la tuberculosis progrese a enfermedad activa al debilitarse el sistema inmunitario, y el sistema inmunitario debilitado permite que la tuberculosis mate rápidamente. Ya en 1986, Gnana Sunderam *et al.* escribieron: «Es posible que el sida refleje y aumente la incidencia de las enfermedades endémicas». Y Annik Rouillon señaló: «En 1986-1987 empezamos a observar que algunos pacientes, los jóvenes, estaban muriendo».

Aunque muchos señalaban esta conexión, se hizo muy poco para ampliar el acceso a los medicamentos contra la tuberculosis o el VIH en los países de ingresos bajos y medianos. A mediados de los noventa, los cocteles antirretrovirales hicieron del VIH una enfermedad tratable y superable en las comunidades ricas. Al tomar estos medicamentos, los niveles de virus suelen ser tan bajos que resultan indetectables, lo que hace imposible la transmisión del virus.

Sin embargo, en los países pobres seguían muriendo millones de personas cada año. El tratamiento de la tuberculosis también solía estar fuera del alcance de muchos, sobre todo, porque la tuberculosis multirresistente era común entre las personas coinfectadas por el VIH. Así, estas epidemias entrelazadas provocaron una explosión de muertes, hasta tal punto que la esperanza de vida disminuyó drásticamente en muchos países pobres. En Lesoto, por ejemplo, la esperanza de vida media se redujo en unos diez años entre 1985 y 2002.

Para negar el tratamiento contra el VIH a los pobres, las razones aducidas —no se podía confiar en que los pacientes tomaran sus medicamentos a tiempo, era mejor centrarse en la prevención y el control— fueron las mismas que hemos visto con la tuberculosis. En 2001, el director de la Agencia de Estados Unidos para el Desarrollo Internacional (USAID, por sus siglas en inglés) dijo lo siguiente sobre el acceso de los pobres al tratamiento con antirretrovirales: «Si al día de hoy tuviéramos [medicamentos contra el VIH para África], no podríamos distribuirlos. No podríamos administrar el programa porque no tenemos médicos, no tenemos carreteras [...] [Los africanos] no saben lo que son los relojes. No utilizan los medios occidentales para medir el tiempo. Utilizan el sol. Estos medicamentos deben administrarse a lo largo de un determinado periodo de tiempo al día y, cuando se les dice que los tomen a las 10:00, preguntan: "¿Qué quiere decir con las 10:00?"».

Aquí vemos que la deshumanización racista de los africanos no pertenece solo a la historia de los siglos XIX y XX. El racismo sigue distorsionando nuestras políticas y prácticas. Y, al igual que en los ejemplos anteriores de racismo, es totalmente falso. De hecho, un estudio de 2007 reveló que era *más probable* que los africanos siguieran los tratamientos de VIH/sida que los norteamericanos.

No fue hasta mediados de la década de 2000 cuando, gracias a programas como el Plan de Emergencia del Presidente de Estados Unidos para el Alivio del sida (PEPFAR, por sus siglas en inglés) y el Fondo Mundial, millones de personas que vivían con el VIH en países pobres pudieron, por fin, acceder a la terapia antirretroviral. Una vez más, la relación costo-efectividad demostró ser un objetivo en constante evolución: era prohibitivo tratar el VIH en las comunidades pobres... hasta que presionaron a las empresas farmacéuticas para que rebajaran los precios en un 95%, y entonces, de pronto, se volvió asequible.

En cuanto a las carreteras y las clínicas, se comprobó que reforzar los sistemas sanitarios y de transporte como parte de un plan integral para mejorar la atención del VIH no solo era posible, sino que además era una inversión extraordinariamente rentable. Se han salvado millones de vidas, y las muertes por tuberculosis entre las personas que viven con el VIH han disminuido de manera drástica en las últimas décadas. Pero se perdieron muchas vidas entre mediados de los años ochenta, cuando los activistas comenzaron a alertar de que la combinación del VIH y la tuberculosis conduciría a una catástrofe, y mediados de la década de 2000, cuando el tratamiento del VIH se acabó generalizando (aunque no de forma universal). Decenas de millones de personas murieron de tuberculosis en esos años. De hecho, entre 1985 y 2005, el número de muertes por tuberculosis fue más o menos el mismo que la suma de todos los muertos de las dos guerras mundiales.

* * *

La tuberculosis suele ser, en muchos aspectos, una enfermedad de círculos viciosos: es una enfermedad de la pobreza que agudiza la pobreza. Es una enfermedad que agudiza las demás enfermedades, desde el VIH hasta la diabetes. Es una enfermedad de los sistemas de salud débiles que debilita los sistemas de salud. Es una enfermedad de la malnutrición que empeora la malnutrición. Y es una enfermedad de los estigmatizados que empeora la estigmatización. Ante todo esto, es fácil desesperarse. La tuberculosis no solo discurre por el sinuoso cauce de la injusticia, sino que lo ensancha y lo profundiza.

20

AVE MARÍA

Durante un tiempo, Henry no recibió ningún tratamiento, algo de lo más frustrante. Al menos, cuando sufría las dolorosas y tóxicas inyecciones, *hacía algo* para combatir su tuberculosis. Ahora se limitaba a estar en una cama de Lakka, donde el aire caliente, viciado y húmedo le oprimía el pecho. Su respiración se volvió más superficial. Cuando la gente tiene miedo, suelen decirles que respiren lenta y profundamente. Pero Henry no podía respirar profundamente.

La ONG Partners In Health encontró el dinero necesario para tratar a Henry, que sería el primer sierraleonés en recibir este tipo de coctel altamente personalizado y adaptado. El doctor Girum sabía lo mucho que eso significaba, no solo para Henry, sino para todo el país. Si Henry sobrevivía, sería la prueba viviente de que incluso la tuberculosis farmacorresistente compleja se puede curar en Sierra Leona. De lo contrario, su caso podrían utilizarlo las autoridades sanitarias mundiales como una prueba más de que es sencillamente absurdo tratar a personas como Henry en lugares como Lakka. Algunos de los fármacos que buscaba el doctor Girum se encontraban en la vecina Liberia. Otros tendrían que traerlos en avión desde lugares más lejanos, quizás desde Lesoto, donde

Partners In Health había creado un centro que funcionaba muy bien para tratar la tuberculosis y el VIH.

* * *

Durante semanas le habían pedido que esperara, que no hiciera nada, que permaneciera en silencio y solo en cama de una habitación individual porque estaba demasiado enfermo para compartirla con alguien. Pensaba en la muerte de Thompson. Creía que ahora le tocaría a él. Pensaba en sus amigos de la infancia, que crecían y llevaban una vida normal. Y escribía poesía. Eran poemas extraños, impresionistas, cautivadores y preciosos. Uno de ellos, titulado «Hacha de oro», comienza así:

Hacha de oro, una batalla misteriosa
un hacha que hay que encontrar
guerreros sin determinación
la ternura les lame los pies.
Bombean, aguantan la bebida y obedientes la arrojan
moviéndose por donde está el oro
El león les torturó las espaldas
Los guerreros cayeron por el agujero, sin hallar dónde agarrarse

Y rezaba: Henry era un cristiano devoto. Pensaba en Isatu, pensaba en que intentaba vivir por ella. Pero la sobrevivencia no es, en esencia, un acto de voluntad individual, claro. Es un acto de voluntad colectiva. Henry había contraído tuberculosis únicamente por las decisiones de un conjunto de seres humanos que les negaban el tratamiento a las personas de los países pobres. Un niño nacido en Sierra Leona tiene ciento y pico veces más probabilidades de morir de tuberculosis que un niño nacido en Estados Unidos. Esta diferencia, como escribe la doctora Joia Mukherjee, «no se debe a la genética, la biología o la cultura. Las desigualdades en materia de salud las causan la pobreza, el racismo, la falta de atención médica y otras fuerzas sociales».

En realidad, Henry no estaba enfermo por culpa del bacilo de Koch, sino por culpa de unas fuerzas históricas que hemos abordado. Henry encarnaba la *spes phthisica*: era sensible y poético. Y, sin embargo, no lo trataban como un poeta brillante y hermoso condenado a morir por las mismas fuerzas maravillosas que le habían conferido sus poderes creativos. Su enfermedad era producto del empobrecimiento secular de Sierra Leona, de un sistema sanitario desangrado por la colonización, la guerra y el ébola, de un mundo que dejó de preocuparse por la tuberculosis en cuanto ya no fue una amenaza para los ricos.

Vivimos entre lo que elegimos nosotros y lo que eligen para nosotros. Henry era víctima de las fuerzas históricas, pero él también era una fuerza histórica, como lo somos todos. Tomaba decisiones. Y una de ellas fue quedarse en Lakka, creer en el doctor Girum, confiar en un sistema médico que había hecho tan poco para ganarse su confianza.

* * *

El día en el que Henry comenzó el nuevo tratamiento, se encontraba, según sus propias palabras, «en un estado de confusión». Habían llegado los medicamentos, algunos en coche desde Liberia, y otros, en las maletas de personas que visitaban Sierra Leona. El doctor Girum comenzó de inmediato el tratamiento de Henry. A esas alturas, Henry llevaba más de tres años de su vida en el Hospital Connaught o en Lakka. Había visto morir a su mejor amigo. No sabía si el nuevo tratamiento funcionaría. Tampoco lo sabía el doctor Girum. Y aunque funcionara, las lesiones pulmonares de Henry eran graves.

Muchos pacientes que reciben tratamiento demasiado tarde mueren, como le ocurrió a Shreya Tripathi, aunque respondieran bien a los antibióticos. Los pulmones de Henry estaban muy dañados por años de convivencia con la enfermedad, años en los que esta se había extendido por sus pulmones, años en los que los antibióticos habían funcionado lo suficiente como para aliviar su respiración y reducir su escrófula, pero solo de forma temporal.

La cuestión no era si se encontraría mejor. La pregunta era si se recuperaría. Por eso, cuando empezó a encontrarse mejor, no pudo relajarse.

Siguió tomando la medicina, rezando para que los guerreros que habían caído por el agujero encontraran de dónde agarrarse.

21

COMO POR ARTE DE MAGIA

A la semana de empezar el nuevo tratamiento, el doctor Girum notó una mejoría, especialmente, en las úlceras abiertas de los ganglios linfáticos reventados de Henry. «Fue como por arte de magia», me comentó. Durante más de un mes, Henry había vivido con úlceras en el cuello y el hombro debido a que los ganglios linfáticos se le habían inflamado tanto que le habían reventado la piel. Pero ahora, los ganglios se desinflamaban y las úlceras empezaban a curarse. «Veía que las heridas se le secaban —contaba el doctor Girum—. Y me dije: "Esto es un indicador precoz". Al cabo de una semana, el chico empezó a comer bien».

Henry tenía miedo de hacerse ilusiones. Durante las dos primeras semanas de tomar los medicamentos, estaba convencido de que no funcionaban y se sentía abrumado por la soledad, sobre todo, porque no podía ver a su madre. «Tenía que permanecer aislado en una habitación. No podía ver a nadie. Me deprimía pensar que la enfermedad fuera tan grave que no querían que me acompañara nadie». Pero pasadas tres semanas, empezó a levantarse y a caminar. Él también notó que las lesiones del cuello y el hombro mejoraban. Se sentía más fuerte y volvía a tener hambre. En un mes, ganó casi cinco kilos.

Tras unos meses de tratamiento eficaz, por primera vez en años no se detectaron bacterias en el esputo de Henry. Aunque la infección seguía presente en sus pulmones y ganglios linfáticos, era mucho menos contagiosa, por lo que pudo volver a recibir visitas. Isatu volvió a sus visitas diarias. El padre de Henry fue a Lakka al mes de comenzar el tratamiento. «Estaba un poco avergonzado» por sus amenazas, recuerda el doctor Girum. Pero el doctor tranquilizó al padre de Henry: «Sé el impacto social que tiene que un niño duerma en el hospital todas las noches durante más de un año. Entiendo su rabia, su falta de confianza en la medicina. Lo entiendo. Quizás si fuera mi hijo, yo hubiera hecho lo mismo».

Cuando Henry empezó a encontrarse mejor, quiso volver a casa con su madre en Freetown. Por aquel entonces, su padre vivía en otro lugar, y Henry se sentía decepcionado por los arrebatos y la incoherencia de su padre. Pero extrañaba mucho estar en casa con su madre, la que se quedó con él cuando los demás habían huido. También quería volver a la escuela. Ahora tenía dieciocho años y no había podido ir a clase desde antes de su primer curso de secundaria. No estaba seguro de si *podría* volver porque sabía lo atrasado que estaría. No había seguido en contacto con ninguno de sus antiguos compañeros de clase, pero sabía que ahora estarían en la universidad o trabajando. ¿Alguna escuela aceptaría a un alumno de secundaria de dieciocho años?

* * *

Después de más de un año en Lakka y tres años en total de hospitalización, Henry pudo volver a casa. No había terminado el tratamiento, que consistía en doce meses más con una docena de pastillas al día, que debía tomar cada mañana, a menudo con poca comida para ayudar a que los antibióticos se asentaran en su estómago. Pero estaba en casa y, lo que es más importante, estaba con Isatu, la madre que se había quedado junto a él. «Fue el momento más feliz de mi vida», me contó Isatu en 2023.

En el Hospital Público de Lakka no hay parque infantil, en realidad, no hay nada que hacer aparte de descansar en cama, pasear por los terrenos polvorientos o sentarse en las bancas de madera a la sombra del inmenso mango. En Lakka se puede oír el mundo —el hospital da a una carretera muy transitada y a una hilera de puestos de venta—, pero uno no forma parte de ese mundo. Henry deseaba con desesperación volver a él, pero también le daba miedo.

Isatu y Henry se vieron sumidos en la pobreza por la experiencia de la tuberculosis. Isatu perdió su negocio de venta de productos en el mercado local durante su calvario, y la casa de bloques de hormigón con dos habitaciones en la que vivían. Ahora residían en un departamento más pequeño con un techo de láminas oxidadas que tenía goteras cuando llovía, lo que ocurre más de cien días al año en Freetown. Dondequiera que pusieran Isatu y Henry sus colchones, el agua siempre los mojaba, y solían pasar empapados y temblando de frío las largas noches de la temporada de lluvias. El departamento era oscuro, no estaba conectado a la red eléctrica y se encontraba en un barrio atestado de Freetown que para muchos era más bien un suburbio. Algunos días, a Henry e Isatu les costaba encontrar comida suficiente. La vida, según Henry, era muy difícil. «Hay tantas limitaciones», dijo.

Henry se había convertido en un joven fuerte, de mandíbulas prominentes y complexión musculosa. Era inimaginable que en otro tiempo me hubiera parecido que tenía la misma edad que mi hijo, que acaba de cumplir trece años. Pero Isatu aún podía hacer que se callara con un simple ademán. «Limitaciones», asintió, para añadir: «Pero veo que vuelves a estar vivo. Te miro y estás vivo. Mi hijo Henry está vivo».

22

CÍRCULOS VIRTUOSOS

La mera desesperación no nos cuenta nunca entera la historia de los seres humanos, por mucho que la desesperación pretenda lo contrario. La desesperanza tiene la insidiosa habilidad de explicarlo todo: el motivo por el que X o Y son un asco es porque todo es un asco, el motivo por el que eres desgraciado es porque la desgracia es el sentimiento que se corresponde con el mundo tal y como lo conocemos, etcétera, etcétera. Suelo desesperarme, por lo que conozco la poderosa voz de la desesperanza; pero lo que nos cuenta son mentiras, sin más. Esta es la verdad tal y como la veo yo: los círculos viciosos son algo habitual. La injusticia y la desigualdad impregnan todos los aspectos de la vida humana. Pero también existen los círculos virtuosos. De hecho, es gracias a uno de ellos por lo que Henry está vivo y otros vivirán gracias a Henry.

Un círculo virtuoso comenzó a principios de la década de 1990, cuando Perú se convirtió en uno de los primeros países de Sudamérica en implementar un programa DOTS integral acorde con las directrices de la OMS. Como escribe Tracy Kidder en *Montañas tras las montañas*, el programa contra la tuberculosis de Perú se creó «en gran parte gracias a las protestas organizadas por la población local [...] por sus monjas y sacerdotes». El Gobierno acordó financiar el DOTS; sin embargo, las directrices de la OMS en aquel momento no recomendaban ningún tratamiento para las personas que padecían tuberculosis farmacorresistente. Si los pacientes no respondían al tratamiento con antibióticos RIPE de primera línea, les volvían a administrar los mismos antibióticos. Cuando esos medicamentos inevitablemente fracasaban, el tratamiento estándar era la denominada «terapia de apoyo». Yo no entendía esta expresión, así que le pregunté por ella a la doctora Carole Mitnick en una de nuestras primeras conversaciones. Me contestó: «Básicamente significaba: "Metan a los enfermos en una choza junto a la carretera y esperen a que se mueran"».

En los países de ingresos bajos y medianos, el sistema de salud pública no disponía de antibióticos de segunda o tercera línea, por lo que a las personas con tuberculosis farmacorresistente las dejaban morir, sin más (bueno, en realidad, no sin más, sino que al dejarlas permitían que continuaran propagando la tuberculosis farmacorresistente antes de morir). La OMS sostenía que «el tratamiento de la tuberculosis multirresistente es demasiado caro para los países pobres».

En aquella época, dos años de tratamiento para un solo paciente costaban entre 15 000 y 20 000 dólares. Desde el punto de vista de la relación costo-efectividad, tratar a los enfermos carecía de lógica aparente, no solo porque costaba mucho dinero salvar la vida de una persona, sino también por lo que la OMS denominaba «las perspectivas limitadas de curación de esos casos». Curar la TB-MDR era un reto incluso en los mejores hospitales. Según ellos, era prácticamente imposible en países de ingresos medianos como Perú. ¿Para qué molestarse, pues?

Sin embargo, esta forma de abordar el problema fallaba en múltiples aspectos. Como señaló el legendario doctor Paul Farmer, todo el mundo insistía en el costo del tratamiento de la tuberculosis farmacorresistente, pero «lo que sale caro de verdad es no diagnosticar y tratar la TB-MDR». Cada caso no curado de TB-MDR era una oportunidad para que la enfermedad se propagara aún más y desarrollara una resistencia aún mayor; una oportunidad para que la enfermedad causara aún más sufrimiento. Y el hecho de no invertir dinero público en el tratamiento de la TB-MDR no impedía que las personas lo buscaran por su cuenta. A menudo, las familias desesperadas hipotecaban sus casas o vendían sus pertenencias para comprar antibióticos de segunda línea a médicos privados, pero luego esas familias no podían permitirse comprar los medicamentos suficientes para lograr la curación, lo que provocaba más resistencia, más sufrimiento y más muertes.

A finales de los años noventa, la ONG Partners In Health (que en Perú se llama Socios en Salud) comenzó a tratar a pacientes con TB-MDR en un barrio empobrecido de Lima donde la enfermedad se había convertido en endémica. El cofundador de PIH, el doctor Jim Kim, dirigió el proyecto, pero precisa siempre que, en realidad, lo dirigía un grupo diverso de socios, entre los que figuraban investigadores como la doctora Carole Mitnick, epidemiólogos como la doctora Meche Becerra, y enfermeras y trabajadores comunitarios de la salud. Adaptaron individualmente los regímenes de tratamiento a los pacientes y proporcionaron un apoyo integral mediante ayudas económicas directas para que los pacientes pudieran comer lo suficiente para reponer fuerzas. El proyecto también les proporcionaba visitas periódicas de trabajadores comunitarios de la salud que vivían en las zonas afectadas y servían de puente entre el sistema sanitario y los barrios que durante mucho tiempo habían sido ignorados por dicho sistema.

La idea era sencilla. «Debemos tratar a las personas si contamos con la tecnología», en palabras del doctor Farmer. Pero no era sencillo ni barato: en PIH gastaban hasta 20 000 dólares por caso y se daban perfecta cuenta de las ventajas e inconvenientes que suponía. Como le dijo el doctor Jim Kim a un grupo de expertos en tuberculosis: «De hecho, tuvimos que tomar la decisión de no alimentar a cuatro mil niños más en Haití [...] y, si alguno de ustedes ha estado en Haití, sabrá que no hay nada más moralmente imperioso que la situación de los campesinos sin tierras de la meseta central». Pero Jim Kim y otros estaban convencidos de que, si podían demostrar que la TB-MDR podía curarse de forma efectiva en los países pobres, la comunidad sanitaria mundial y los gobiernos empezarían a invertir más en su tratamiento. Creían que podían impulsar un círculo virtuoso.

En abril de 1998, Partners In Health anunció sus extraordinarios resultados: más del 85% de los pacientes peruanos con TB-MDR se curaron gracias a su apoyo integral. Un experto lo calificó de «asombroso». Estas tasas de curación eran comparables, o incluso mejores, que las observadas en los hospitales mejor financiados del mundo. La comunidad sanitaria mundial tomó buena nota y, en dos años, la OMS comenzó a recomendar una estrategia «DOTS-plus» que incorporaba un acceso limitado a la atención sanitaria para los pacientes con TB-MDR.

* * *

Por supuesto, seguía existiendo el viejo enemigo de la relación costo-beneficio. Pero, como señala Kidder, «los expertos en el control de la tuberculosis habían declarado que el tratamiento de la variedad MDR era demasiado caro, pero nadie había intentado reducir la partida principal, que eran los fármacos caros». Se descubrió que las patentes de la mayoría de esos medicamentos habían caducado, pero nadie había intentado crear versiones genéricas baratas de ellos, porque «no había mercado». Sí lo había, claro: muchas personas que vivían con tuberculosis multirresistente estaban desesperadas por recibir tratamiento. Lo que pasaba era que el «mercado», en general, no era rico. Pronto, Partners In Health y otros se pusieron manos a la obra para impulsar la fabricación de versiones genéricas de estos antibióticos. Los sobrevivientes y la sociedad civil también presionaron a los fabricantes de medicamentos, y el precio del tratamiento curativo de dos años bajó rápidamente de 15 000 a 1 500 dólares.

* * *

En parte debido a esa caída de los precios y al cambio de las directrices sobre la tuberculosis farmacorresistente, más personas comenzaron a sobrevivir y a convertirse en defensores de un mayor progreso. En una conferencia sobre la tuberculosis que se celebró hace poco, conocí a una joven sudafricana llamada Phumeza Tisile, a quien le diagnosticaron tuberculosis en 2010, cuando era estudiante de primer curso en la universidad. Phumeza nació en la provincia del Cabo Oriental, pero se mudó a Ciudad del Cabo cuando era pequeña para que su madre pudiera trabajar como empleada doméstica en la ciudad. De niña, Phumeza practicaba el atletismo —su especialidad eran los 800 metros planos— y era tan buena estudiante que recibió una beca que cubría todos sus gastos en la universidad. Pero desde el comienzo de su primer curso, algo empezó a fallar. Perdió peso y vio que con frecuencia se quedaba sin aliento. No solo abandonó el atletismo, sino que pronto le resultó difícil incluso subir un tramo de escaleras. «Así que fui a la clínica y tosí en un bote», me explicó.

Un técnico de laboratorio examinó su esputo en busca del bacilo de la tuberculosis, pero, como sabemos, a la microscopía se le escapan alrededor del 50% de los casos y, de hecho, a Phumeza le dijeron que había dado negativo en tuberculosis. Aun así, seguía enferma. Al cabo de un par de meses, tuvo que abandonar los estudios. Su peso se desplomó. A los dos meses de haber empezado en la universidad, pesaba menos de 35 kilos. «Me costaba mucho respirar y caminar», me contó. Finalmente, le hicieron una placa de tórax, en la que se vio claramente que la tuberculosis le había afectado ambos pulmones. Comenzó el tratamiento al instante, pero no respondió a los antibióticos, por lo que la hospitalizaron de inmediato.

Al igual que Henry, Phumeza recibió meses de tratamiento que no funcionó, seguidos de meses de antibióticos de segunda línea que tampoco funcionaron. Después de que le diagnosticaran tuberculosis farmacorresistente, según me dijo, «busqué información en internet y fue de lo más aterrador ver que muchas de las personas que aparecían al buscar por imágenes en Google ya habían muerto. Se les veían las costillas y pensé que yo también iba a acabar así. Pensé que seguramente me moriría». Al igual que Henry, Phumeza perdió el oído debido a los inyectables, pero en su caso la pérdida auditiva fue total y durante cinco años no pudo oír nada hasta que le pusieron un implante coclear de 40 000 dólares.

Al final, estuvo en tratamiento contra la tuberculosis durante tres años y ocho meses, durante los cuales ingirió entre veinte mil y treinta mil pastillas. El tratamiento le costó años de vida y el oído, pero al final se curó.

* * *

Es aquí donde empezamos a ver los círculos virtuosos en acción. Hoy en día, Phumeza Tisile es licenciada universitaria, socióloga y una voz destacada en la lucha contra la tuberculosis. Junto con su amiga, y también sobreviviente de la tuberculosis, Nandita Venkatesan, Tisile presentó una solicitud de impugnación de patente en un tribunal indio pidiendo al Gobierno que rechazara el intento de la empresa farmacéutica Johnson & Johnson de prorrogar su patente de la bedaquilina.

Como hemos visto, la bedaquilina es un medicamento muy importante en la lucha contra la tuberculosis multirresistente, pero desde su lanzamiento en 2013, estaba fuera del alcance de la mayoría de las personas que padecían la enfermedad, ya que J&J cobraba 900 dólares por un solo ciclo de tratamiento en los países pobres y 3 000 dólares en países de ingresos medianos como Sudáfrica. Por lo tanto, la mayoría de los niños como Phumeza, con tuberculosis farmacorresistente, no podían recibir el tratamiento adecuado, no porque no existiera, sino porque no era «rentable».

Estaba previsto que la patente de J&J caducara en 2023, pero la empresa intentó solicitar y tramitar patentes secundarias para prorrogar la vigencia de su propiedad intelectual. La «perpetuación» de las patentes es una estrategia habitual entre las empresas farmacéuticas para bloquear la competencia de los genéricos con el fin de proteger sus precios y beneficios. En el caso de J&J, alegaron que, aunque la patente del compuesto farmacológico bedaquilina estaba a punto de caducar, mucho más tarde se había patentado un compuesto adyuvante que aumentaba la eficacia del medicamento, y que esa patente debía aplicarse a la bedaquilina en su totalidad.

Sin embargo, Tisile, Venkatesan y sus abogados alegaron con éxito ante los tribunales indios que las patentes secundarias de J&J no suponían una innovación significativa y que se trataba de un mero intento de obtener beneficios económicos. El resultado fue que el Gobierno indio decidió no reconocer las patentes secundarias de J&J, y se autorizó la producción de versiones genéricas de la bedaquilina a mediados de 2023.

Aunque esta decisión significaba que la bedaquilina sería más barata en la India, J&J había logrado registrar patentes secundarias en la mayoría de los países de ingresos bajos y medianos, lo que significaba que, para gran parte del mundo, la bedaquilina asequible seguiría siendo una quimera. Tras las negociaciones con las organizaciones sanitarias mundiales y las fuertes protestas de los activistas contra la tuberculosis, J&J cedió y permitió que se produjeran versiones genéricas de la bedaquilina en la mayoría de los países y, finalmente, abandonó todo intento de hacer valer sus patentes secundarias sobre el medicamento. El resultado directo fue que el precio de la bedaquilina cayó más del 60% casi de la noche a la mañana.

Así, los esfuerzos de los sanitarios, sobrevivientes y activistas contra la tuberculosis en Perú en los años noventa ayudaron a Phumeza Tisile a sobrevivir a la tuberculosis, y los esfuerzos de Phumeza, a su vez, redujeron el precio de la bedaquilina, lo que ayudará a muchas otras personas a sobrevivir a la tuberculosis. Este círculo virtuoso ha ampliado de manera drástica el acceso al tratamiento al reducir su costo: la tuberculosis multirresistente se consideraba demasiado cara de tratar en los años noventa, cuando costaba más de 15 000 dólares por paciente. Organizaciones como PIH lograron reducir el costo a 1 500 dólares a finales de los noventa. Gracias a los esfuerzos por reducir el precio de la bedaquilina, el precio ha bajado aún más. En 2023, los ensayos endTB, para ampliar el acceso a nuevos medicamentos contra la tuberculosis, financiados por Unitaid, Médicos Sin Fronteras y PIH, descubrieron que alrededor del 90% de los casos de TB-MDR podían curarse por unos 300 dólares por ciclo, lo que supone una reducción del 98% en el precio con respecto a los años noventa. Como nos recuerda Christian McMillen, cuando se trata del tratamiento de la tuberculosis, «la relación costo-efectividad es un objetivo en constante evolución».

Todavía queda un largo camino por recorrer para que el tratamiento de la tuberculosis sea abundante, asequible y al alcance de todo el mundo. Pero solo gracias a que PIH y otros demostraron que la TB-MDR podía curarse en los países pobres, y solo gracias a que sobrevivientes de la TB-MDR como Venkatesan y Tisile vivieron para luchar contra la perpetuación de las patentes, se han hecho progresos.

Aun así, muchos medicamentos que tratan eficazmente las cepas de tuberculosis multirresistente siguen siendo muy caros, y no porque estén hechos de oro o platino, ni porque tengamos que volar a la Luna para encontrarlos. Son caros porque: 1. Las empresas farmacéuticas mantienen los precios altos de forma artificial; y 2. Tememos que hacer que estos medicamentos sean menos escasos conduzca a una mayor resistencia a los antibióticos. Pero, como me dijo la doctora Carole Mitnick: «Este es un problema creado por el ser humano que necesita una solución humana. Si los medicamentos fueran un bien público, la carga de la enfermedad determinaría las prioridades de la industria y los tratamientos de la tuberculosis serían variados y abundantes». Por lo tanto, debemos luchar no solo por una reforma del sistema, sino también por sistemas nuevos y mejores que conciban la salud humana no principalmente como un mercado, sino como una prioridad compartida por nuestra especie.

* * *

Por supuesto, estos círculos virtuosos no solo se dan en el mundo de la tuberculosis. Sobrevivir a la tuberculosis no solo significa tener la oportunidad de ayudar a otras personas con tuberculosis. También significa tener la oportunidad de mantener a la familia, de formarse y de vivir.

Lo que nos lleva de vuelta a Henry. Aunque Henry temía haber superado la edad para ir a la escuela, con el apoyo de Partners In Health encontró un lugar en una escuela secundaria donde pudo brillar. Hizo amigos fácilmente y disfrutó estudiando. No solo fue capaz de ponerse al nivel de sus compañeros, sino que consiguió entrar en la Universidad de Sierra Leona, una de las instituciones de enseñanza superior más prestigiosas del país, donde actualmente está cursando segundo curso de Recursos Humanos y Gestión. «La educación es lo más importante —me comentó en cierta ocasión—. No solo para mí, sino también para el país».

Henry siguió viviendo en condiciones difíciles en Freetown hasta que más gente empezó a conocer su historia. Se creó una campaña en GoFundMe para ayudar a reconstruir el negocio de Isatu, que rápidamente superó su objetivo inicial de 11 000 dólares y recaudó más de 60 000 dólares para ayudar a Henry e Isatu. Gracias a ello, pudieron comprar una casita en Freetown. Isatu está contenta de tener a su hijo en casa y de tener la oportunidad de volver a trabajar, utilizando el capital de la campaña de GoFundMe para comprar artículos al por mayor que puede vender con un pequeño margen de beneficio en el mercado local, lo que le da suficiente dinero para vivir y para hacer nuevas compras al por mayor.

Me pareció de lo más gratificante ver todas esas donaciones destinadas a un joven al que la sociedad había desatendido e ignorado tanto. Me recordó que cuando conocemos el sufrimiento, cuando lo tenemos cerca, somos capaces de una generosidad extraordinaria. Podemos hacer y ser mucho los unos por los otros, pero solo cuando nos vemos con toda nuestra humanidad, no como estadísticas o problemas, sino como personas que merecen vivir en el mundo.

* * *

Henry no solo consiguió volver a la escuela, sino que también empezó a hacer videos en línea en YouTube. Soy *youtuber* desde 2007 y le envié a Henry material técnico para que pudiera crear su propio canal, porque me pareció importante que la gente pudiera conocer directamente desde Sierra Leona los retos, las oportunidades y las alegrías de quienes viven allí. Convirtió su móvil en una especie de ventana a su vida en Freetown. Algunos días, graba videos entrevistando a empresarios de Sierra Leona, dueños de imprentas o gente que vende fundas de móvil en puestos del mercado o palomitas en la calle. Otros días, se graba bailando con sus amigos. También gestiona un canal para Isatu, donde ella comparte recetas tradicionales de Sierra Leona y explica cómo lleva la tienda.

Sus videos muestran las «limitaciones» de su comunidad: personas que trabajan con herramientas manuales para romper piedras o palés de madera por 1 o 2 dólares al día, los problemas de gestionar un puesto en el mercado en una economía con alta inflación y cosas por el estilo. Y también graba videos que muestran la alegría y los lazos que unen a su comunidad: servicios religiosos compartidos, historias de jóvenes estudiantes que superan la adversidad y sus hermosos poemas que abrazan la esperanza sin caer nunca en lo empalagoso o sentimental. Además, utiliza su plataforma para recaudar fondos: para la obtención de agua potable en Freetown o para llevar a cabo una operación que salvó la vida de un niño.

En los años transcurridos desde su recuperación, Henry también se ha convertido en un activista contra la tuberculosis, centrándose especialmente en recaudar fondos y llamar la atención sobre Lakka, donde suele grabar videos para conseguir un mayor apoyo global para el centro. «El hospital de Lakka se va desarrollando poco a poco», señaló en un video reciente en el que visitaba el hospital, destacando los edificios de bloques de hormigón en condiciones precarias y los patios cubiertos de maleza. Estuvo allí el día en que daban de alta a unos pacientes que habían sido tratados con éxito, lo cual era un motivo de alegría. Pero Henry también sabía que había un sitio cerca de Lakka donde cavaban constantemente nuevas tumbas.

* * *

Henry aspira a combatir el estigma de la tuberculosis presentándose sin tapujos como un sobreviviente y tratando de educar al público sobre la enfermedad y, en especial, sobre Lakka, que todavía tiene la reputación de ser «un lugar al que se va a morir». En un video, dice: «¿Saben, chicos? Yo soy uno de esos pacientes con tuberculosis. Me dieron el alta y estoy sano y fuerte [...]. Si tienen la enfermedad, pueden superarla. Este sitio no es malo». Anima a otros sobrevivientes a «salir a predicar que la tuberculosis se cura».

¡Qué afortunados somos de tener a Henry entre nosotros! La vida y el trabajo de Henry hoy en día, como estudiante y como activista, encarna lo que puede suceder cuando las personas sobreviven a una enfermedad grave. Quiere y es querido por su familia y amigos. Aprende y enseña. Ya sea por mensaje de texto o por teléfono, Henry y yo hablamos un par de veces a la semana, a veces para planear estrategias sobre YouTube, pero también para charlar sobre la vida, sin más. En estas llamadas, suelo oír de fondo a Isatu, que bromea y se ríe con Henry. Le habla y luego Henry traduce: «Mi madre dice que sigue rezando por ti, por Sarah, por Alice y por Henry». Henry también se ha convertido en mentor y amigo de mi hijo Henry. Entre ellos, se llaman «los tocayos».

23

LA CAUSA Y LA CURA

Podemos entender la historia de la tuberculosis como una historia de paradigmas contrapuestos: hoy en día, vemos la tuberculosis, sobre todo, desde el punto de vista biomédico, como una infección causada por una bacteria y que se cura con medicamentos diseñados para matar o inhibir esa bacteria. Otros ven la tuberculosis a través de un paradigma religioso: una enfermedad causada por espíritus o por una posesión diabólica y que se cura mediante rituales religiosos o tinturas sagradas. En algunas comunidades, la enfermedad sigue viéndose, como lo fue durante mucho tiempo en Europa, a través de un paradigma hereditario, en el que ciertas familias o tipos de personalidad son especialmente vulnerables a ella. Otros ven la tuberculosis a través de una óptica sociológica, como una enfermedad causada por la pobreza y la marginación.

El paradigma biomédico se ha vuelto tan poderoso en mi imaginación que es fácil olvidar lo insuficiente que puede ser la medicina pura y dura. Sí, la enfermedad es una avería, un fallo o una invasión del cuerpo que los profesionales de la medicina tratan con fármacos, cirugía y otras intervenciones. Pero también es una avería y un fallo de nuestro orden social, una invasión de la injusticia. Los «determinantes sociales de la salud» —la inseguridad alimentaria, la marginación sistémica basada en la raza u otras identidades, la desigualdad en el acceso a la educación, el suministro inadecuado de agua potable, etcétera— no pueden analizarse independientemente del «sistema sanitario», ya que son facetas esenciales de la atención sanitaria. Cuando alguien que vive en Haití contrae el cólera, ¿la causa real de la enfermedad es la bacteria llamada *Vibrio cholerae*, o también lo son el agua sucia, la pobreza y la reintroducción del cólera en el país por parte de los cooperantes tras el terremoto de 2010? No podemos examinar la «salud» sin tener en cuenta los «determinantes sociales de la salud», o de lo contrario acabaremos en situaciones como las que se ven constantemente con la tuberculosis, en las que las personas, por citar solo un ejemplo, no pueden ingerir los medicamentos porque no tienen suficiente comida en el estómago.

Suelo pensar en la interdependencia de estos sistemas en el contexto de la atención médica que recibo. No hace mucho, yo iba por el patio trasero de mi casa, contemplando el cielo nocturno, cuando pisé un clavo que me atravesó el zapato y se me clavó unos centímetros en el pie. A la mañana siguiente, fui en coche por una buena carretera hasta una clínica situada a pocos minutos de mi casa, donde me pusieron una dosis de refuerzo de la vacuna del tétanos para eliminar la ya de por sí reducida posibilidad de que mi percance con el clavo pudiera provocarme la enfermedad. Pero para que se produjera esta pequeña intervención médica, era preciso que funcionaran a mi favor un montón de sistemas: necesitaba contar con atención sanitaria, por supuesto; en mi caso, un seguro médico privado que paga los cuidados preventivos básicos, como las vacunas. Necesitaba vivir en una comunidad con electricidad las veinticuatro horas del día, para que en la clínica pudieran mantener refrigerada la vacuna contra el tétanos y no perdiera su eficacia. Necesitaba un sistema que pudiera transportar de manera eficiente y fiable no solo la vacuna, sino también los guantes que usaba la enfermera que me la puso. Necesitaba vivir en una comunidad con un sistema educativo lo bastante sólido como para formar enfermeras y médicos. En última instancia, lo que necesitaba no era solo una vacuna contra el tétanos, sino todo un conjunto de sistemas sólidos que funcionaran perfectamente en conjunto, un fenómeno que no debería ser un lujo en nuestro mundo de abundancia y, sin embargo, hasta cierto punto, lo es.

* * *

Una vez le pregunté a un médico especialista en tuberculosis, K. J. Seung: de las 1 300 000 personas que morirán de tuberculosis este año, ¿cuántas sobrevivirían si tuvieran acceso al tipo de atención sanitaria que yo tengo? Al fin y al cabo, aunque la tuberculosis suele ser curable hoy en día, sigue siendo una enfermedad muy difícil de tratar, especialmente en los casos de farmacorresistencia extensa. Y la gente de los países ricos sigue muriendo de tuberculosis, aunque sea en contadas ocasiones: en Estados Unidos, alrededor de quinientas personas morirán de tuberculosis este año. En Japón, más de mil.

—¿Cuántas morirían si todo el mundo tuviera acceso a una buena atención sanitaria? —me preguntó, como si mi cuestionamiento lo hubiera dejado perplejo.

—Sí —respondí.

—Ninguna. Cero. Nadie debería morir de tuberculosis.

Es difícil imaginar la erradicación total de la tuberculosis. La enfermedad tiene muchos reservorios animales y, dado que una cuarta parte de la población mundial está infectada, su erradicación total es un sueño lejano. Pero podríamos vivir en un mundo en el que nadie muriera de tuberculosis. Esa opción exigiría sacrificios, como la mayoría de las opciones.

Tendríamos que reformar nuestros sistemas para incluir tanto a los pobres como a los ricos, ofreciendo lo que los teólogos católicos de la liberación denominan «una opción preferencial por los pobres». Tendríamos que mejorar no solo los sistemas de salud, sino también los determinantes sociales de la salud: el acceso a una vivienda segura, una nutrición adecuada, un transporte público fiable, etcétera. Pero esto se puede hacer, y se ha hecho; y por eso morir de tuberculosis ya es una rareza en gran parte del mundo rico, aunque no tanto como lo sería si todas las personas de los países ricos tuvieran acceso a una buena atención sanitaria.

Y por eso yo diría que la verdadera causa de la tuberculosis en el siglo XXI no es una bacteria que sabemos matar. La verdadera causa de la tuberculosis en el siglo XXI son esos determinantes sociales de la salud, que en esencia son sistemas creados por el ser humano para extraer y asignar recursos. La verdadera causa de la tuberculosis contemporánea somos, a falta de un término mejor, nosotros.

Es una mala noticia. Pero también es buena. En 1804, James Watt no pudo hacer nada para salvar a su hijo Gregory. En 1930, mi bisabuelo Charles no pudo hacer nada para salvar a su hijo Stokes. Pero ya no vivimos en ese mundo, gracias a la acumulación y difusión de conocimientos sobre la enfermedad y su tratamiento. Así pues, hemos entrado en una extraña etapa de la historia de la humanidad: una enfermedad infecciosa prevenible y curable sigue siendo la más mortal. Ese es el mundo en el que hemos elegido vivir.

Pero podemos elegir un mundo diferente. De hecho, elegiremos un mundo diferente. El mundo será diferente dentro de una generación. La pregunta es si miraremos hacia atrás con gratitud por los círculos virtuosos o con horror por los viciosos.

* * *

Los activistas e investigadores de la tuberculosis han desarrollado un plan integral y, sí, por supuesto, tiene un acrónimo: STP (*Search, Treat, Prevent*: Buscar, Tratar, Prevenir). La iniciativa STP pretende contratar a trabajadores sanitarios para Buscar casos casa por casa en todo el mundo, diagnosticando los casos de tuberculosis antes de que se agraven o incapaciten hasta el punto de requerir hospitalización. A continuación, hay que Tratar a los diagnosticados con un ciclo de cuatro meses de antibióticos para la mayoría de los pacientes y uno de seis meses para quienes tengan tuberculosis multirresistente. Por último, el programa pretende Prevenir nuevas cadenas de infección ofreciendo un mes de terapia preventiva a todas las personas que vivan en el mismo hogar que una persona diagnosticada con tuberculosis. Si gastáramos 25 mil millones de dólares al año en atención integral, podríamos erradicar la tuberculosis. También ahorraríamos mucho dinero a largo plazo: más de 40 dólares por cada uno de esos 25 mil millones. Reducir la carga global de la tuberculosis significa menos casos en el futuro y menos gastos para atenderlos.

Ya hemos visto los beneficios de los programas STP en comunidades más pequeñas, desde Karachi hasta Lesoto. En unos pocos años, podríamos implementar programas STP en países concretos para demostrar su eficacia y eficiencia en entornos más amplios y, a continuación, pasar a un programa global. En combinación con mejores vacunas y nuevos enfoques para el tratamiento de la tuberculosis, podríamos ver el fin de la tuberculosis, o al menos el fin de su largo reinado como «el capitán de todos los soldados de la muerte». Ese es un futuro posible para la tuberculosis.

* * *

Pero ese no es el único. También podemos imaginar que la tuberculosis siga matando a más de un millón de personas cada año durante otro siglo, o incluso otros diez siglos. Y sí, incluso se puede imaginar que, si seguimos descuidando la investigación y el tratamiento, un día de estos puede aparecer una cepa de tuberculosis que arrase el mundo como lo ha hecho tantas veces en el pasado, y volveríamos a los días en que la tuberculosis mataba tanto a ricos como a pobres, aunque nunca de forma equitativa.

No podemos abordar la tuberculosis solo con vacunas y medicamentos. No podemos abordarla solo con programas integrales de STP. También debemos abordar la causa fundamental de la tuberculosis, que es la injusticia. En un mundo en el que todos puedan comer, tener acceso a la atención sanitaria y ser tratados con humanidad, la tuberculosis no tiene ninguna posibilidad. En última instancia, nosotros somos la causa.

Y también debemos ser la cura.

EPÍLOGO

Antes de obsesionarme con la tuberculosis, tenía un trabajo muy diferente. Mis libros, entre los que se incluyen novelas como *Buscando a Alaska* y *Ciudades de papel*, solían centrarse en el dolor y el perdón y en cómo nos imaginamos unos a otros. Mis personajes experimentaban el primer amor y el desamor. Luego escribí un libro titulado *Bajo la misma estrella* que, curiosamente, se convirtió en un gran éxito de ventas. Como resultado del éxito de ese libro y de la numerosa comunidad que ha crecido en torno a los videos de YouTube que grabo con mi hermano Hank, he conseguido un altavoz potente, aunque algo inconstante. Este altavoz en particular depende muchísimo de los algoritmos, por lo que no siempre estoy seguro de qué va a proyectar ni cuándo, ni siquiera de si se dirigirá a las personas a las que pretendo llegar o a un grupo de gente completamente distinta.

El altavoz también conlleva otros riesgos: cuando gran parte de lo que dices se amplifica, es fácil que ahogue voces que deberían oírse. Además, el altavoz puede dañar los oídos de las personas. Tal vez solo quieras hablar, pero a los demás les puede parecer que estás gritando. He intentado, a menudo sin éxito, utilizar el altavoz con prudencia. Durante un tiempo, intenté deshacerme de él. Pero el altavoz forma parte de mi trabajo, y me encanta mi trabajo, así que acabé encontrándole una utilidad.

A instancias de amigos que trabajaban en Médicos Sin Fronteras, Treatment Action Group y Partners In Health, empecé a hablar de la crisis de la tuberculosis y la importancia de reducir los obstáculos para su diagnóstico y tratamiento. Junto con miles de personas que luchan contra la tuberculosis en todo el mundo, hemos defendido la ley End TB Now ante el Congreso de los Estados Unidos y hemos presionado para que se destinen más recursos a iniciativas contra la tuberculosis en países de ingresos bajos y medianos. Hemos batallado para convencer a las empresas farmacéuticas de que dejen de solicitar patentes secundarias para medicamentos contra la tuberculosis que salvan vidas, y para que el conglomerado empresarial Danaher reduzca los precios de sus pruebas. Hemos tenido algunos éxitos —Danaher ha reducido el precio de su prueba estándar de tuberculosis, por ejemplo—, pero también hemos sufrido muchos reveses.

Si cuando se publicó *Bajo la misma estrella* me hubieran dicho que, al cabo de diez años, estaría escribiendo y pensando casi exclusivamente en la tuberculosis, habría respondido con una pregunta: «¿Aún existe?». Este libro solo existe porque conocí a Henry Reider en 2019 y porque espero haberle encontrado una utilidad al curioso altavoz con el que tengo la suerte de contar. La tuberculosis se ha convertido en el principio organizador de mi vida profesional durante los últimos cinco años. Es agradable tener algo en qué pensar antes de acostarte, mientras te cepillas los dientes por la mañana y mientras paseas por el bosque, y yo pienso en la tuberculosis. Pienso en el extraño hecho de que podríamos acabar con la pandemia de tuberculosis, pero no lo hemos hecho. Pienso en las personas que he conocido que tenían tuberculosis y en cuántas de ellas ya no están entre nosotros. Pienso en Shreya Tripathi, que leyó mi libro antes de que yo supiera que la tuberculosis seguía existiendo. Pienso: «¿Y si hubiera utilizado mejor mi altavoz entonces?». Pienso: «¿Lo utilizo bien ahora?». Pienso en los sanitarios y los pacientes que no tienen altavoces, y que con frecuencia tienen la sensación de estar gritándole a la pared.

En ciertos aspectos, el panorama de la atención de la tuberculosis nunca había sido tan prometedor. Contamos con vacunas de alta calidad en la fase final (aunque con mucho retraso) de sus ensayos clínicos, y se vislumbran soluciones de atención preventiva más breves. Las unidades móviles de radiografía de tórax digital pueden contribuir a diagnosticar antes con la ayuda de la inteligencia artificial. Se espera que pronto dispongamos de una prueba de tuberculosis rápida y económica que utiliza hisopos bucales. Se están probando nuevos compuestos antibióticos. Y la innovación impulsa mejoras en los resultados. Por ejemplo, el doctor Melino Ndayizigiye y su equipo han desarrollado la aplicación TB Hunters, que rastrea las infecciones y los brotes en las aldeas de Lesoto. Pero ninguna de estas nuevas herramientas servirá de nada si no las ponemos a disposición de todos mediante el intercambio abierto de conocimientos y tecnología.

* * *

La doctora Jen Furin me envió recientemente un correo electrónico sobre la creciente plaga de cepas de tuberculosis resistentes a la bedaquilina. La tuberculosis siempre acaba aprendiendo a esquivar los medicamentos que le lanzamos, por lo que es muy importante que sigamos invirtiendo en nuevos compuestos. Si yo contrajera tuberculosis resistente a la bedaquilina, sería difícil de curar, pero probablemente sobreviviría gracias al tratamiento personalizado y al acceso a los antibióticos de última generación. Pero para los pacientes de la doctora Furin, el resultado es casi siempre la muerte. «Tienen muy pocas opciones —me escribió— y carecen de acceso a los nuevos medicamentos a través de programas de uso compasivo». Esta es la injusticia desgarradora y desoladora de vivir con tuberculosis en el siglo XXI: si eres rico, vives. Y si no, confías en la suerte.

Es extraño decir que mi amigo Henry tuvo suerte cuando tantas fuerzas históricas se han cebado con su vida, empobreciéndolo a él, a su familia y a su país. Pero sí, la tuvo. Su amigo Thompson, tan digno de vivir como Henry o cualquiera de nosotros, murió. Su compañero de habitación en el Hospital Connaught murió. Pero Henry, por el motivo que sea, sigue con nosotros.

* * *

El problema de las estadísticas es que no puedo asimilar lo que significa perder a 1 250 000 personas cada año por una enfermedad curable. Eso es más de cien mil personas al mes. Pero ¿cómo puedo conceptualizar esas estadísticas? He estado en un estadio con cien mil personas, pero no conocía a cada una de sus familias. No sabía nada de las personas a las que habían amado, los desengaños que habían soportado, sus limitaciones y sus ánimos, su fragilidad y su resiliencia. Sencillamente, no alcanzo a comprender lo que significa 1 250 000.

Pero sí alcanzo a comprender mínimamente a Henry. Al día de hoy, él y yo hablamos de forma constante. Le gusta llamarme «papá» y me dice que en Sierra Leona *papá* es un apelativo con el que se nace o que se gana.

Estudia mucho. Cuando contrae la malaria, como le ocurrió recientemente en 2024, se pone más enfermo que la mayoría debido al daño que sufre en los pulmones, pero continúa estudiando. El año pasado lo nombraron el mejor *tiktoker* de su universidad. Asistió a la ceremonia de entrega de premios vestido con un traje y llevó a su madre. Está orgulloso de la casita que comparte con ella, pero le gustaría poder comprar cuadros y otras cosas para decorar las paredes. Tiene una sonrisa enorme, todo dientes. Es uno de esos chicos que envían mensajes de texto en forma de palabras separadas, una tras otra, en lugar de todo el mensaje de golpe. «Papá», envía. Y luego, «Hola». Y luego, «¿Cómo está mi tocayo?».

Está emocionado con la publicación de este libro. Quiere que todo el mundo conozca su canal de YouTube, que se puede ver en https://www.youtube.com/@Tuberculosis-l1jSurvivorHenry/.

Henry es un ser humano, igual que tú. Piensa por un momento en todo lo que has superado, en todo a lo que has sobrevivido. Piensa en las personas que te han querido hasta llegar al momento actual. Piensa en lo difícil que es o ha sido la escuela, en la suerte o el privilegio que has tenido de conocer a personas a las que pudieras querer y que te quisieran. Piensa en lo singulares y preciosos que son los seres humanos, y en cuántos de ellos te preocupan y te importan. Luego, si puedes, encuentra la manera de multiplicar eso por 1 250 000.

Ese es el motivo por el que debemos trabajar juntos para acabar con la tuberculosis y todas las demás enfermedades de la injusticia.

BIBLIOGRAFÍA

Cuando empecé a leer y escribir sobre la tuberculosis, tuve la gran suerte de encontrar el magnífico y fascinante libro de Vidya Krishnan *Phantom Plague: How Tuberculosis Shaped History*, que recomiendo a cualquiera que tenga interés por aprender más cosas sobre la tuberculosis y sus infinitas conexiones con nuestra historia y nuestro presente común. Durante los años transcurridos desde que leí el libro por primera vez, he tenido la suerte de entablar amistad con Vidya y de unirme a ella en la lucha por reducir los obstáculos al diagnóstico y al tratamiento de la tuberculosis.

La historia más completa de la tuberculosis que conozco es *The White Plague: Tuberculosis, Man, and Society*, de René y Jean Dubos. Aunque se publicó en 1952, en los albores de la era de los antibióticos, sigue siendo una lectura fascinante.

Para conocer la historia de la tuberculosis desde dentro, recomiendo ampliamente *Stigmatized: A Mongolian Girl's Journal from Stigma & Illness to Empowerment*, de Handaa Enkh-Amgalan, una conmovedora exploración de la sobrevivencia a la tuberculosis que también es una hermosa memoria que sigue el viaje de Handaa desde Mongolia hasta su actuación a nivel mundial en defensa de los derechos humanos y de los refugiados.

También me encanta la historia de Maria Smilios, *The Black Angels: The Untold Story of the Nurses Who Helped Cure Tuberculosis*, que explora la vida en los sanatorios y cuenta la asombrosa historia de las enfermeras afroamericanas que contribuyeron a implantar la cura para la tuberculosis.

Si te interesa saber más sobre cómo los microbios han moldeado la historia, te recomiendo *Epidemics and Society: From the Black Death to the Present*, de Frank M. Snowden, donde tuve por primera vez noticia de la idealización de la tuberculosis. El libro lo explora todo, desde la peste negra de 1348 hasta la pandemia del sida, y lo releo a menudo.

Para más información sobre la historia de Sierra Leona, recomiendo *A New History of Sierra Leone*, de Joe A. D. Alie, que estudia la historia del país desde una perspectiva sierraleonesa.

Gran parte de los datos demográficos que menciono (esperanza de vida, índices de pobreza, etcétera) proceden de la indispensable herramienta en línea *Our World in Data*, disponible en http://ourworldindata.org. Este libro, y muchos otros como este, han ganado muchísimo gracias a la labor de OWiD, pero también me han servido de gran apoyo las estadísticas de la OMS, recopiladas por estadísticos y epidemiólogos profesionales de lo más variado. Su «Global TB Report», que se viene publicando cada año desde hace casi treinta, es especialmente útil para los amantes de los datos.

Quienes deseen comprender la tuberculosis y los factores sociales determinantes de la salud encontrarán en «Social Scientists and the New TB», de Paul Farmer, una lectura imprescindible. Se puede consultar en línea o en el libro de 1999 *Infections and Inequalities: The Modern Plagues*.

Para comprender la época de los sanatorios, recomiendo dos memorias: *The Baby's Cross: A Tuberculosis Survivor's Memoir*, de C. Gale Perkins, que cito por extenso, y también *A Child of Sanitariums: A Memoir of Tuberculosis Survival and Lifelong Disability*, de Gloria Paris. Ambas son relatos viscerales de sobrevivientes que crecieron con tuberculosis y vivieron a caballo entre una enfermedad incurable y una curable. También me gustó mucho el relato *Well Diary. I Have Tuberculosis: Researching a Teenager's 1918 Sanatorium Experience*, de Shirley Morgan, que cuenta la historia de la vida de Evelyn Bellak a través de su diario del sanatorio.

Pero el libro más importante para mí a la hora de comprender la era de la tuberculosis sigue siendo la genial obra de Sheila M. Rothman *Living in the Shadow of Death: Tuberculosis and the Social Experience of Illness in American History*. Con ese título tan largo, podría parecer que se trata de una lectura aburrida, pero en realidad rebosa vida y perspicacia.

Para comprender la rivalidad entre Louis Pasteur y Robert Koch, y sus respectivos imperios, me basé en gran medida en Thomas Goetz, *The Remedy: Robert Koch, Arthur Conan Doyle, and the Quest to Cure Tuberculosis*, un libro maravillosamente narrado y exhaustivamente documentado. Si quieres saber más sobre la relación entre la tuberculosis y la moda, te recomiendo *Consumptive Chic: A History of Beauty, Fashion, and Disease*, de Carolyn A. Day, pero también a dos historiadoras de la moda que publican ensayos en video en YouTube: Nicole Rudolph (https://www.youtube.com/@NicoleRudolph) y Abby Cox (https://www.youtube.com/@AbbyCox).

Para comprender la medicina del siglo XVIII y la relación entre el paciente y el médico, estoy profundamente en deuda con el maravilloso libro de Barbara Duden, *The Woman Beneath the Skin: A Doctor's Patients in Eighteenth-Century Germany* [título original en alemán: *Geschichte unter der Haut. Ein Eisenacher Arzt und seine Patientinnen um 1730*] que vale la pena leer si te interesa la historia de la medicina o si simplemente quieres disfrutar de una lectura tan genial como estremecedora.

Para comprender mejor la historia de la incorporación de Nuevo México como estado de la Unión y la búsqueda de una cura por parte de los tuberculosos, recomiendo *Chasing the Cure in New Mexico: Tuberculosis and the Quest for Health*, de Nancy Owen Lewis.

Para profundizar mucho más en la relación entre la tuberculosis y el VIH, entre muchos otros temas fascinantes, recomiendo *Discovering Tuberculosis: A Global History, 1900 to the Present*, de Christian W. McMillen.

Para comprender cómo hemos imaginado la buena muerte a lo largo de los últimos siglos, leí y disfruté mucho el libro de Philippe Ariès, *El hombre ante la muerte* [trad. cast., Madrid, Taurus, 1999].

Para comprender la salud global y las desigualdades inherentes a nuestros sistemas actuales de asignación de recursos sanitarios, animo a todo el mundo a leer *An Introduction to Global Health Delivery: Practice, Equity, Human Rights*, de la doctora Joia Mukherjee.

Para más información sobre la historia de Partners In Health (Socios en Salud en Perú, Compañeros en Salud en México) y su trabajo sobre la tuberculosis farmacorresistente, lee *Mountains Beyond Mountains: The Quest of Dr. Paul Farmer, a Man Who Would Cure the World*, de Tracy Kidder, uno de los libros más importantes y conmovedores que he leído nunca [trad. cast.: *Montañas tras las montañas*, Madrid, Capitán Swing, 2021].

AGRADECIMIENTOS

En primer lugar, debo dar las gracias a Henry e Isatu Reider por compartir generosamente su tiempo y sus historias conmigo. Les agradezco su amistad, su orientación y las risas que hemos compartido. La lista de personas de Sierra Leona a las que debo mostrar mi agradecimiento daría para escribir un libro, pero quiero expresar especialmente mi gratitud al doctor Girum Tefera, al doctor Bailor Barrie, a Jon Lascher, a Ashley Kappeler, al doctor Micheal Mazzi, a Isata Dumbuya y al ministro de Sanidad de Sierra Leona, el doctor Austin Demby, por su experiencia y su franqueza.

Una de las grandes alegrías de este libro han sido las amistades que he entablado al escribirlo, sobre todo, con la doctora Carole Mitnick, de la Facultad de Medicina de Harvard. Carole me ha enseñado con generosidad y paciencia en todo momento lo que se sabe de la tuberculosis y los sistemas que la sustentan, al tiempo que me animaba a seguir con este trabajo. Cuando empecé a interesarme por la tuberculosis, Carole y su comunidad me presentaron a otros muchos expertos de los que he tenido la suerte de aprender, entre ellos Jennifer Furin, Christophe Perrin, Salmaan Keshavjee, K. J. Seung, Mercedes Becerra, Lucica Ditiu, Atul Gawande y muchos otros. Todos estos expertos y cuidadores me han acogido en su trabajo con entusiasmo y amabilidad.

Estoy muy agradecido con los sobrevivientes de la tuberculosis que tuve la suerte de conocer y de los que aprendí, en particular con Phumeza Tisile y Handaa Enkh-Amgalan. Los sobrevivientes y los grupos de la sociedad civil son el corazón del movimiento contra la tuberculosis, y su valentía al defender a otras personas que viven con la tuberculosis, a pesar del estigma asociado a la enfermedad, es una profunda fuente de inspiración. También estoy agradecido con Shreya Tripathi, sin cuyos esfuerzos puede que Henry no estuviera entre nosotros, y puede que yo no hubiera escrito este libro.

De mi editorial, estoy eternamente agradecido con Julie Strauss-Gabel, quien, cuando firmó el contrato de publicación de mi primera novela juvenil en 2003, seguro que ni se imaginaba que algún día yo la obligaría a convertirse en experta en tuberculosis. De Penguin Random House, mi editorial desde hace veinte años, doy las gracias a Elyse Marshall, Kaitlin Kneafsey, Anna Booth, Rob Farren, Natalie Vielkind, Grace Han, Vanessa Robles, Jen Loja, Helen Boomer y Kim Ryan. Gracias también a mi indomable agente Jodi Reamer. Will Fraker ha verificado incansablemente los datos de este libro, y estoy muy agradecido con quienes leyeron mis borradores (en particular, con K. J. Seung, Carole Mitnick y Jen Furin). Los errores del libro son exclusivamente míos.

Algunas partes de este libro son el resultado de un video realizado con nuestra productora, Complexly. Karim Hajj, Meghan Modafferi y Stan Muller contribuyeron de manera importante a este proyecto. Rosianna Halse Rojas leyó todos los borradores. Heather South, archivero jefe de los Western Regional Archives de Carolina del Norte, me ayudó a resolver algunos enigmas sobre mi tío abuelo Stokes. El doctor Andy Bridge me proporcionó textos históricos muy útiles.

De Partners In Health, estoy muy agradecido con Ophelia Dahl y Amy Huizing, que viajaron conmigo a Sierra Leona en 2023, así como con Gabi Palmi, Leslie Friday, Garrett Wilkinson, Jim Kim, Joia Mukherjee, Todd McCormack, Lindsay Palazuelos, Sheila Davis, Max y Deb Stone, y con toda la familia de PIH. En cierto modo, este libro es una carta de amor a nuestro difunto amigo Paul Farmer, quien nos enseñó el camino.

También quiero dar las gracias a otras organizaciones que luchan contra la tuberculosis y cuya pasión ha inspirado la mía, en especial, a Stijn Deborggraeve, Saloni Fruehauf y Shailly Gupta, de Médicos Sin Fronteras, y a Lindsay McKenna, Mike Frick y David Branigan, del Treatment Action Group. Gracias también a otros autores que comparten mi fascinación por la tuberculosis, sobre todo a Maria Smilios y Vidya Krishnan.

En el ámbito de la moda y la salud, estoy en deuda con Nicole Rudolph y, especialmente, con Abby Cox, que me invitó a su casa para ver su colección de corsés de los siglos XVIII y XIX.

Gracias también a mi familia. Gran parte de este libro surgió de largas conversaciones con amigos, entre ellos Chris y Marina Waters. A mi hermano Hank, que me pidió que no dejara que su cáncer se interpusiera en mi activismo contra la tuberculosis: te quiero un montón. ¡Qué privilegio ser la cola de tu extraordinario cometa! Mis padres, Sydney y Mike Green, apoyaron a nuestra familia durante todo este proyecto. Gracias también a mis maravillosos suegros, Connie y Marshall Urist. Mis hijos, Alice y Henry, han mostrado una paciencia extraordinaria y solo muy de vez en cuando ponían los ojos en blanco cuando papá lo relacionaba todo con la tuberculosis. Y este libro no existiría sin el apoyo y la orientación literaria de Sarah Urist Green, mi primera lectora y persona favorita, y mi compañera en el viaje para comprender las desigualdades en la salud y la tuberculosis.

Por último, gracias a nuestra comunidad en línea de Nerdfighteria y, en particular, a los TB Fighters, cuya actuación colectiva ha reducido el precio de los tratamientos y diagnósticos de la tuberculosis y también me ha recordado, en días difíciles, lo que la humanidad puede ser cuando trabajamos juntos y de forma auténticamente solidaria. De verdad que son increíbles.

Esta obra se terminó de imprimir
en el mes de marzo de 2026,
en los talleres de Impresora Tauro, S.A. de C.V.
Ciudad de México.